地下世界

此端
向上

画给孩子的历史奇迹

地下世界

[美]大卫·麦考利/著　刘勇军/译

江苏凤凰少年儿童出版社

谨以此书献给

“破坏者”伊丽莎白和“守卫者”珍妮丝

感谢那么多人给予我时间、信息和鼓励。在此，按照参与的先后顺序，特别感谢纽约的拉里·沃尔什、贝夫·钱尼和弗兰克·戴克曼；波士顿的约翰·J. 多尔蒂、弗兰克·P. 布鲁诺、阿兰·加斯、克莱蒙特·泰特寇、本·吉尔格、汤姆·沃尔什、汤姆·乔伊斯、约翰·沙利文、詹姆斯·E. 瓦格纳、乔治·M. 皮斯、弗兰克·J. 麦克帕特兰、梅勒妮和沃尔特；普罗维登斯的罗琳·希梅什、汤姆·斯古洛斯、比尔·德鲁和威尔伯·约德；维多利亚地铁线的鲁斯·克罗斯利－霍兰德。

——大卫·麦考利

图书在版编目（CIP）数据

地下世界 / (美) 大卫·麦考利著 ; 刘勇军译. --
南京 : 江苏凤凰少年儿童出版社, 2018.6
ISBN 978-7-5584-0846-5

Ⅰ. ①地… Ⅱ. ①大… ②刘… Ⅲ. ①地下工程－儿童读物 Ⅳ. ①TU94-49

中国版本图书馆CIP数据核字(2018)第101426号

书　名	地下世界
策划监制	敖　德
责任编辑	陈艳梅　张婷芳
版权编辑	海韵佳
特约编辑	张　亮　严　雪　沙家蓉　森　林
特约审读	李雪竹
出版发行	江苏凤凰少年儿童出版社
地　址	南京市湖南路 1 号 A 楼，邮编：210009
印　刷	北京盛通印刷股份有限公司
开　本	889 毫米 ×1194 毫米　1/16
印　张	7
版　次	2018 年 11 月第 1 版　2018 年 11 月第 1 次印刷
书　号	ISBN 978-7-5584-0846-5
定　价	55.00 元

（图书如有印装错误请向印刷厂调换）

在现代城市的建筑和街道下面，人们修建了各种墙体、立柱、电缆、管道和隧道，它们组成了一个庞大的地下系统，来满足人们的基本需要。城市规模越大，地下系统就越复杂。墙体和立柱用来支撑城市中的房屋、桥梁和高塔等建筑物，电缆和管道则用来输送电、水、气、热等维持生存的必要资源。在地下打通规模较大的隧道可以更直接地连接两地，地铁运载着大量乘客在隧道中快速穿行，既方便人们出行，又缓解了地面交通压力。

由于我们平时基本上见不到这个庞大的地下系统，哪怕只是其中一部分，所以我们很难想象它有多复杂，也很难完全了解它的功能。或许只有在地铁发生故障或总水管破裂时，我们才能意识到，原来我们每个人对这些庞大而隐秘的地下设施是多么地依赖。

本书旨在揭示城市地下设施系统的运作原理。为了将目光集中在地下设施最核心、最重要的部分，我虚构了一个由两条街道相交而成的十字路口。尽管信息是准确的，但这些信息所呈现出的分步操作方式还是给简化了。因为在大多数城市，尤其是那些历史悠久的城市，各种功能都是在同一地点，并且经常在同一时间发生作用。

通过了解熟悉的环境（如城市）中看不到的东西，我们将学会欣赏这些就在身边的、巧夺天工的构造和系统。它们悄无声息地完成着一件件令人称奇的工作，以至于我们都没有意识到它们的存在。

即将发售
豪华办公空间
电话:725-5955
p. 48
p. 84
p. 76
p. 91
p. 88
p. 64
p. 88
p. 65
p. 61
p. 62
p. 48
p. 71
p. 64
p. 52
POLICE
p. 83
p. 89
p. 12
p. 21
施工

p. 86
p. 76
p. 89
p. 52
p. 79
p. 87
在大街上，
你要探索什么？
到哪里去找到答案？
就在书里！

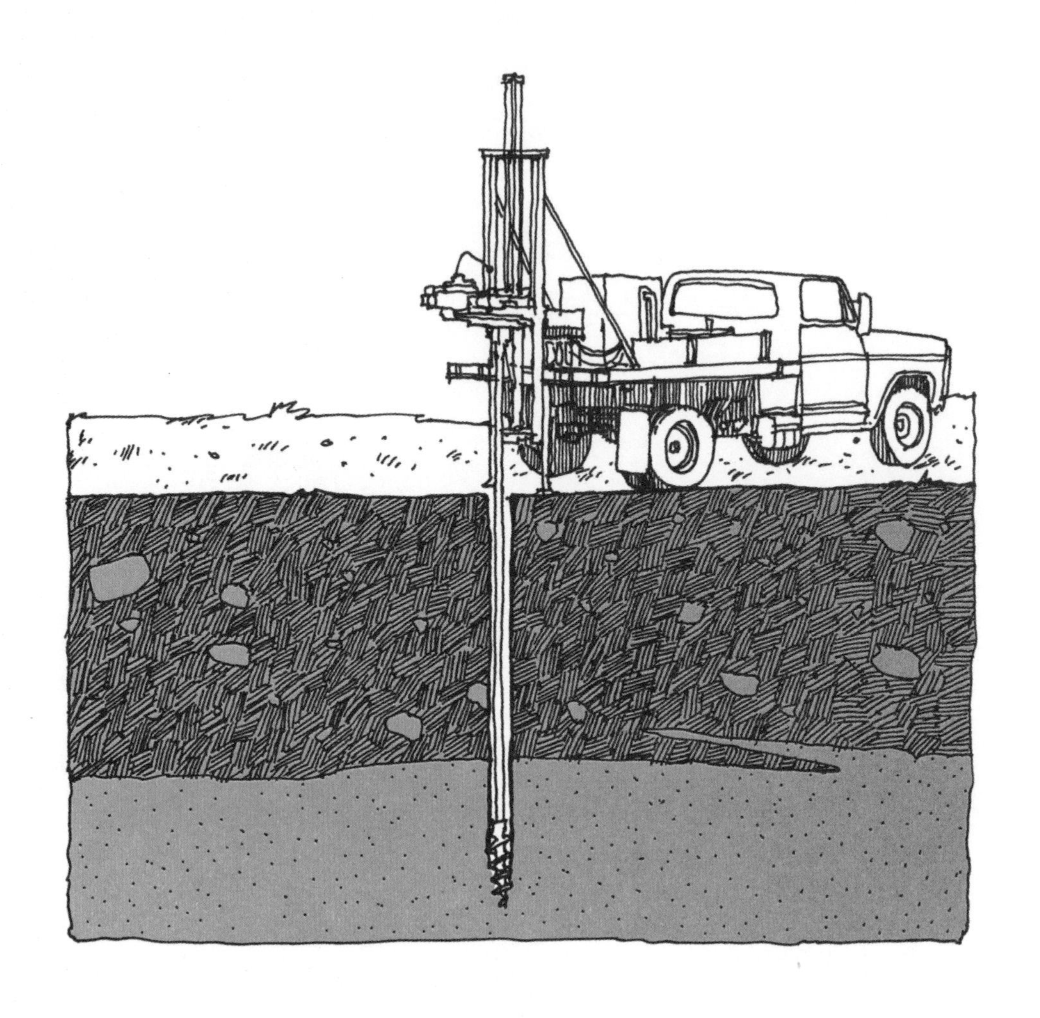

大多数建筑物都建在由沙子、黏土、岩石和水等物质组成的地表层。地表下方数十米到数百米深的地方是坚固的地壳，叫作“基岩”。在设计一座建筑物之前，建筑师必须了解这座建筑所在地基的确切成分，也就是地表层的构成，一般通过以下几种方式来了解。

最简单的方式就是挖个洞来看一看。但这种方法只适用于不需要把洞挖得很深的情况。另一种办法是使用名为“探尺”的仪器来显示出地表到基岩的距离。最好的办法则是利用各种技术,从不同深度取出土壤和岩石样本直接检测。

无论使用何种方法，都要根据建筑平面图上预先标注的全部位置进行检测。再把结果记录到垂直剖面图上，从而形成工地的土壤剖面图。从这张图上不仅能看出物质层的种类和深度，还能看出地下水位的高度，即，由地表向下，土壤中的水达到完全饱和的位置。

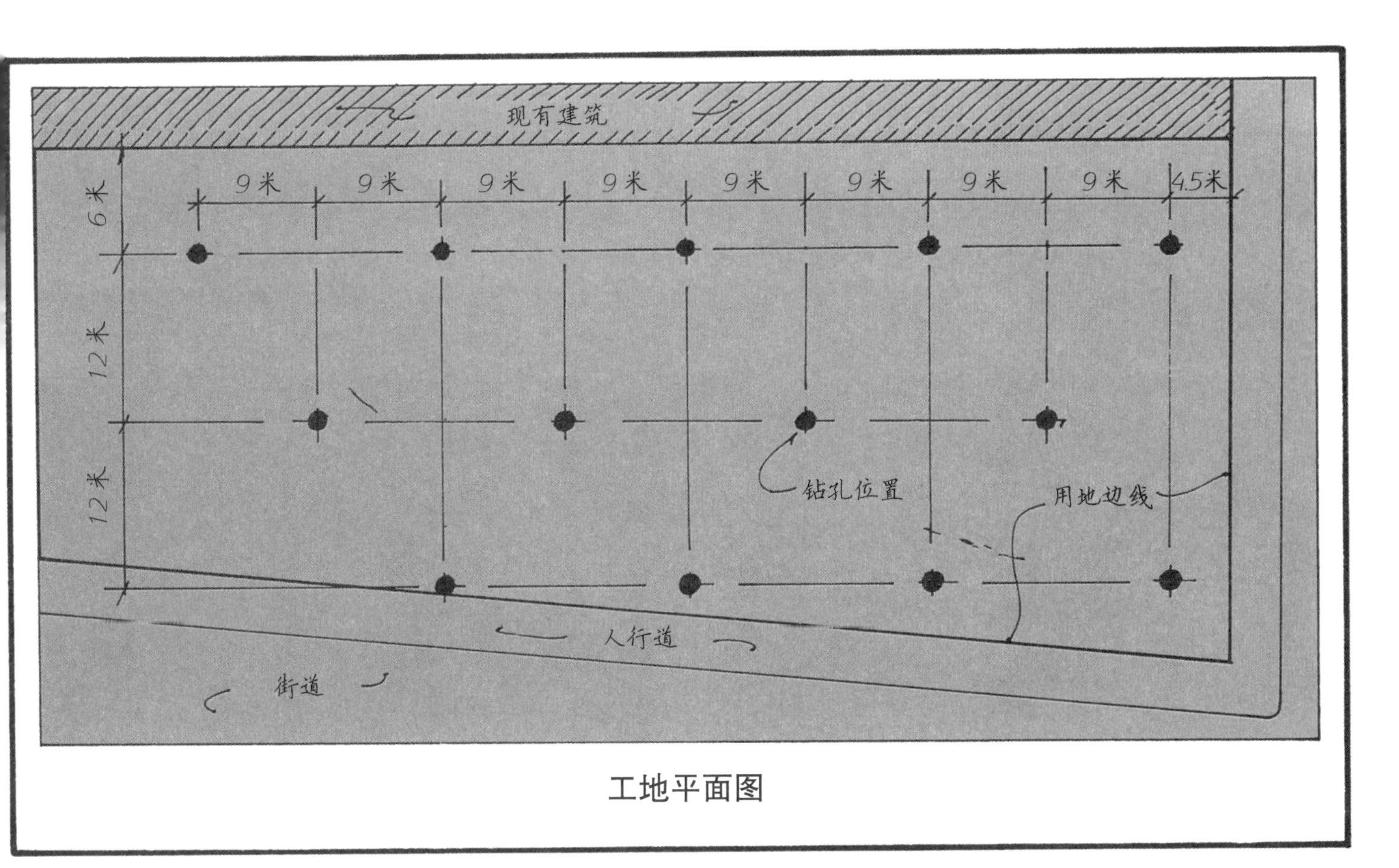
现有建筑
9米
9米
9米
9米
9米
9米
9米
9米
4.5米
6米
12米
12米
钻孔位置
用地边线
人行道
街道

工地平面图

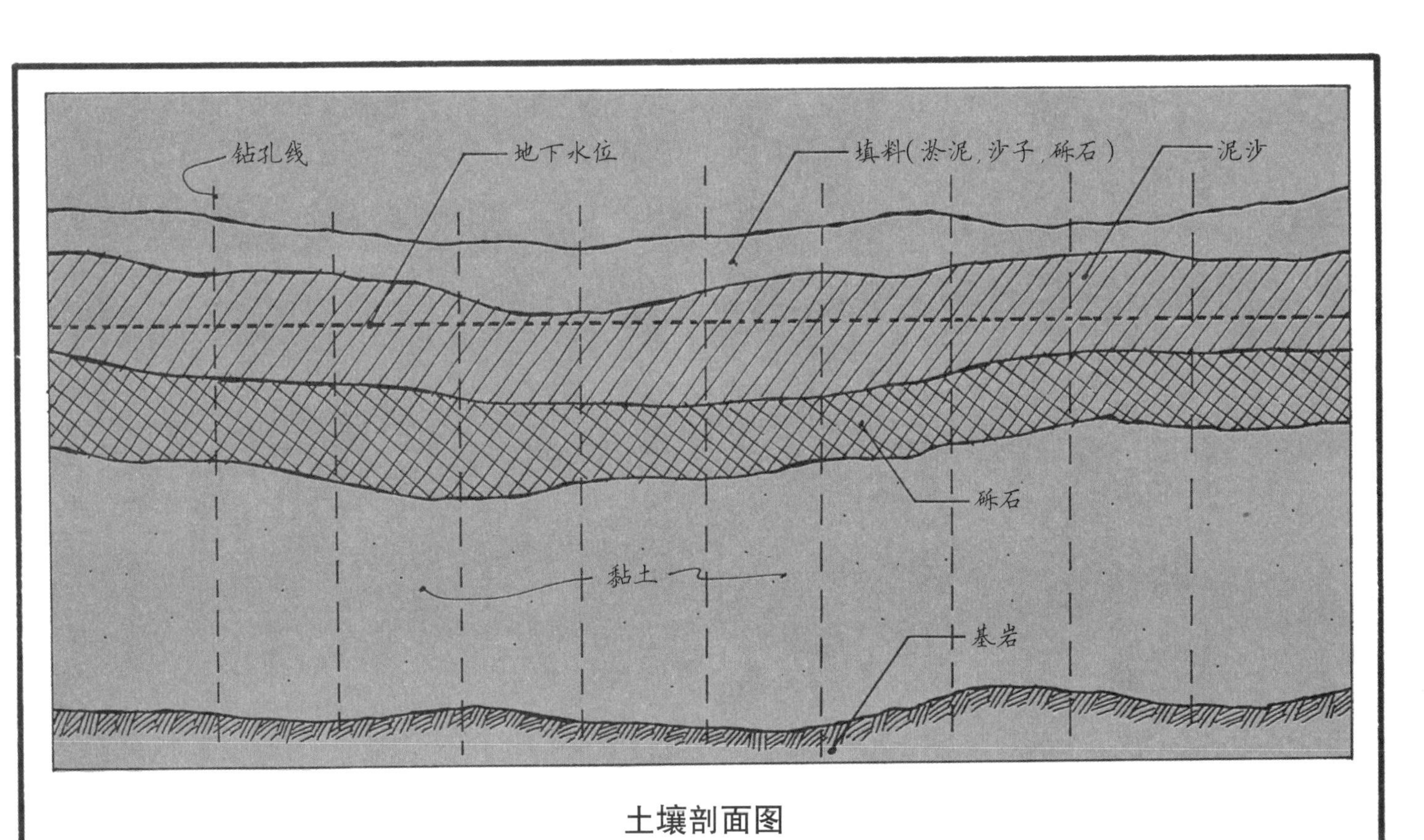
钻孔线
地下水位
填料(淤泥,沙子,砾石)
泥沙
砾石
黏土
基岩

土壤剖面图

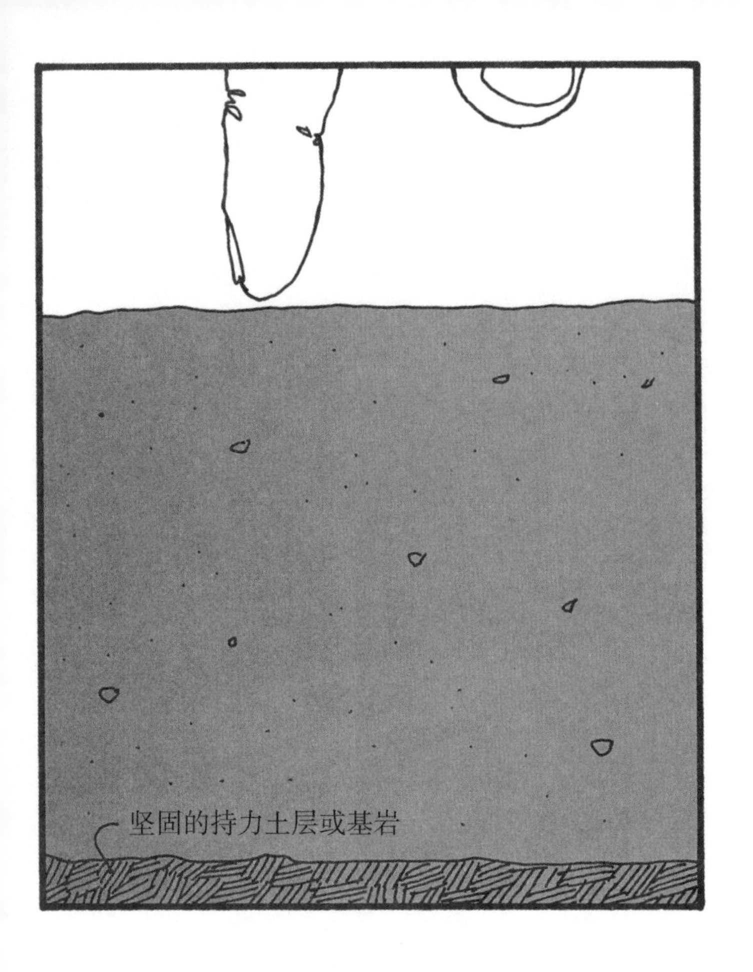
坚固的持力土层或基岩

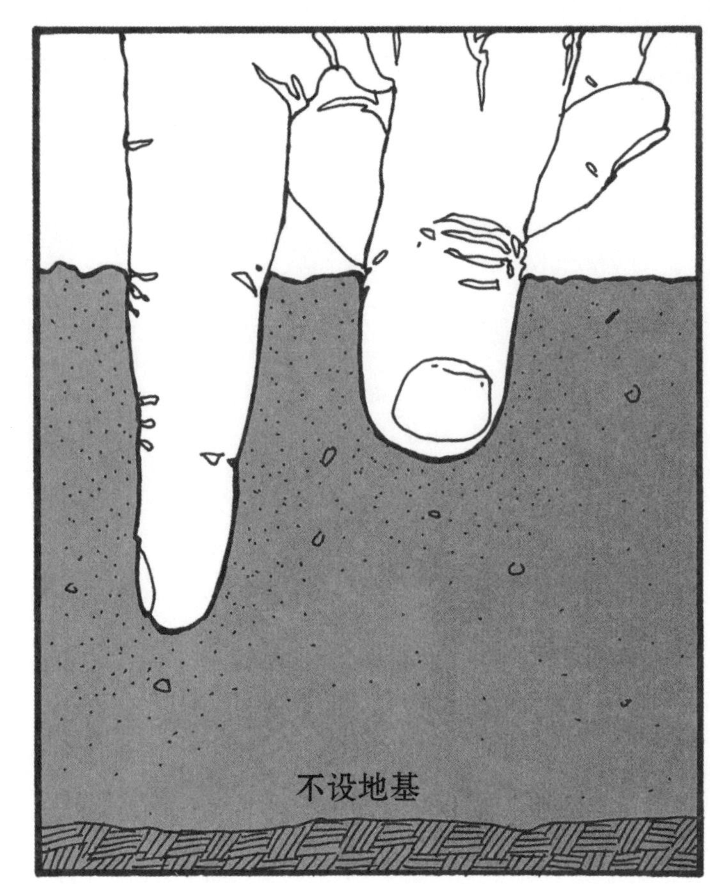
不设地基

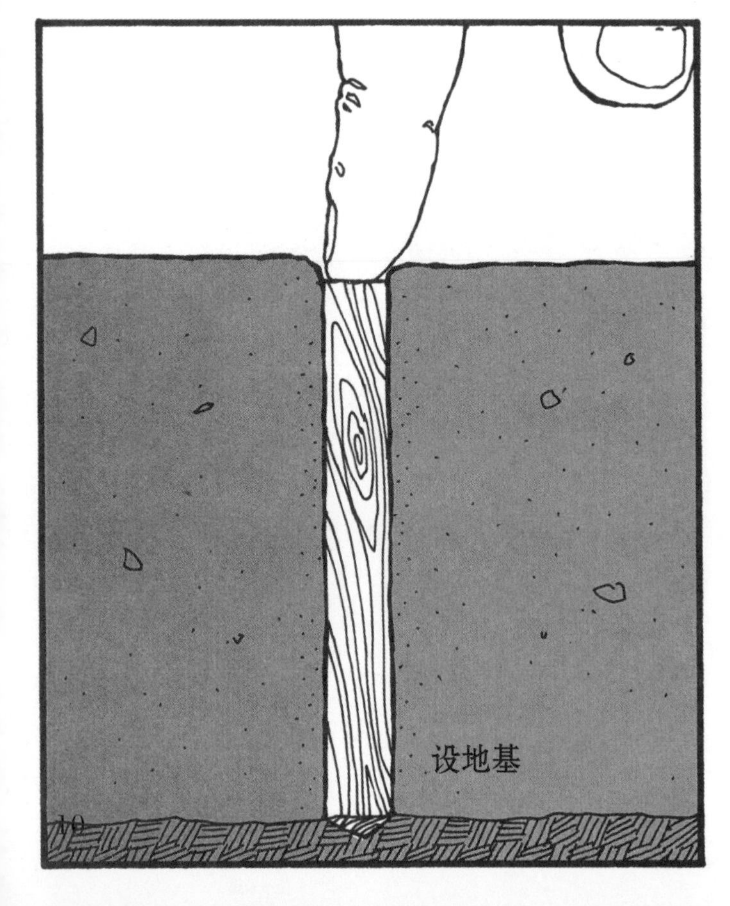
设地基

设地基

把房子的地基打在基岩上是最好的。但如果基岩离地面太远，可以在不接触基岩的情况下，建造坚固的地基，将建筑的重量传导给基岩，使建筑屹立不倒。由于所有建筑物在建造过程中或建造完成后，都会有一定程度的移动或下陷,地基必须起到均匀沉降的作用。如果建筑的其中一部分比其他部分移动得快，或向不同方向移动，就会导致建筑物严重受损。要是一栋建筑下方的土地不太稳固，那地基设计就变得尤为重要。

地基如何建造取决于建筑物的重量，以及承载重量的区域和所处地点的土壤状况。大多数小型建筑用的都是扩展式地基，也就是在每一根立柱或基础墙下面放置一块混凝土平板，称为“基脚”。基脚可以把施加在它上面的重量分散开来，以此提升土壤的承载力。

混凝土是沙子、石灰、碎石和水等各种原料的混合物。这些原料被装在能旋转的圆筒搅拌车里运到工地，充分搅拌混合后，液态混凝土被倒入相应的模子，可以制成任何形状。等到混凝土变硬到能够自行立稳的时候，就可以把模子撤走了。

要想建造一个简易的扩展式基脚和基础墙，首先要挖一条有一定深度的沟渠。如有必要，还要在沟渠周围安装垂直木板，以免泥土塌落，这些木板叫作“护壁板”，由横跨沟渠的粗壮横梁支撑。一旦沟渠里的水被抽出，就可以准备混凝土施工了。基脚的模型是一个个浅槽，侧面有木桩固定在土层里，顶部有横跨的支撑结构。里面一排平行放置的钢杆叫作“加固杆”，放在模型中距地面几厘

米或十几厘米高的地方。另一排加固杆从中间弯曲向上，高出模型表面，最后连接在基础墙上。浇筑基脚模型时，一般会在顶部中心处留下一条窄槽，从而加强基脚和基础墙之间的连接。埋入混凝土的钢杆或钢筋网也增强了混凝土的支撑力。当这些全部就位后，就可以往模型中浇筑混凝土了。

基础墙的模型由胶合板制成，放置在基脚顶上。一片胶合板支起来后，就要安装加固杆。然后用钢扎带把另一片胶合板固定在第一片上，整个模型和外面的护壁板相互支撑。混凝土浇入模型后，需要几个星期才能达到最大强度。头几天里，混凝土必须保持一定的温度和湿度，因此要在刚浇筑的混凝土上加盖一层稻草或塑料布。

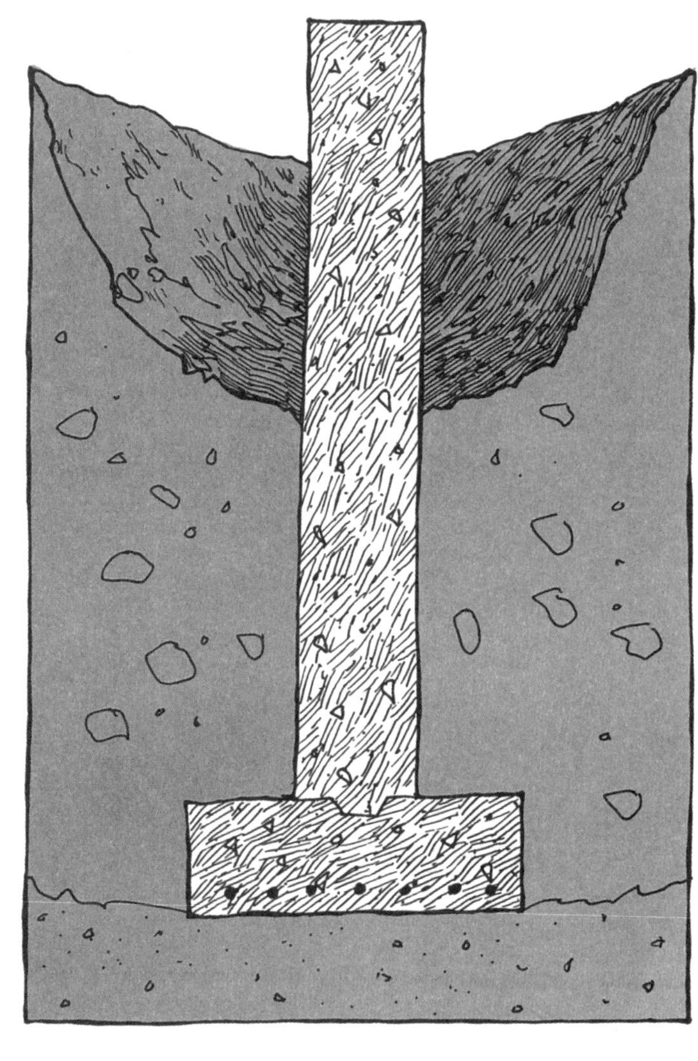

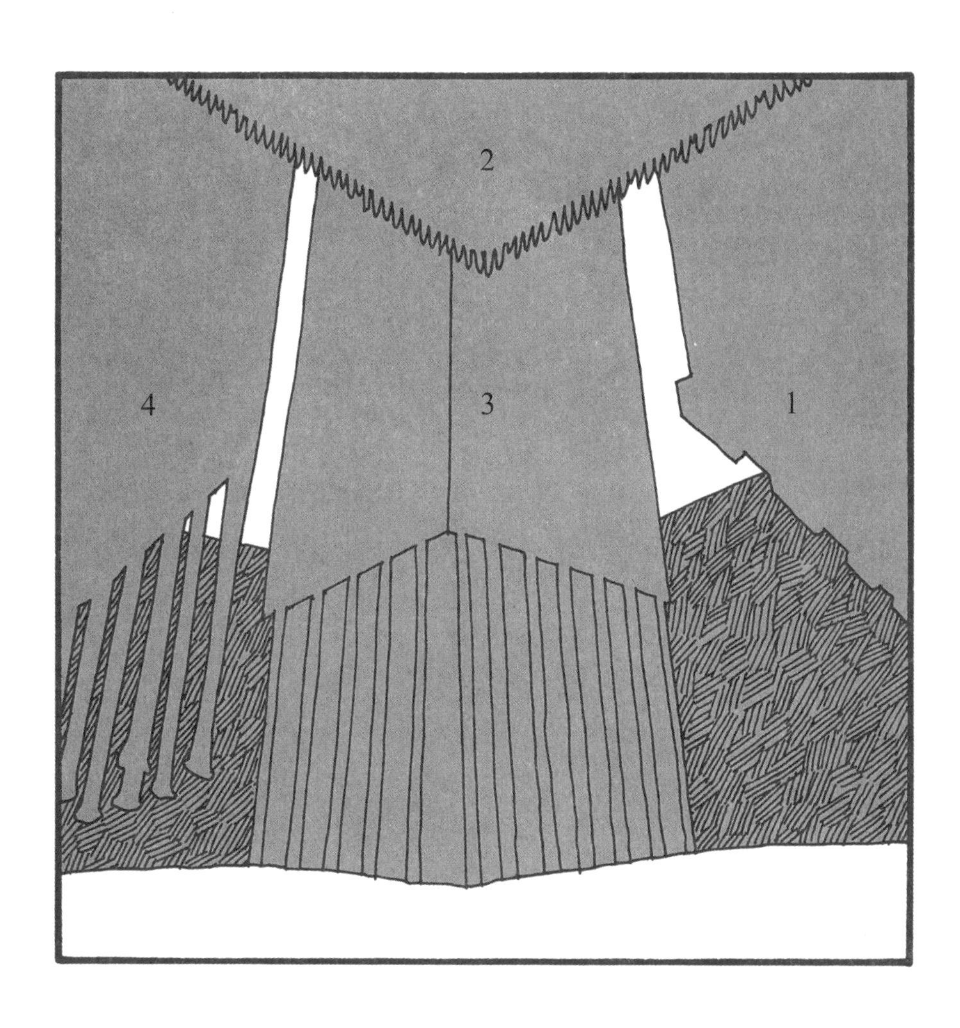

这个十字路口周围的建筑物基础类型各不相同：1 号建筑建在浮式基础上，2 号建在摩擦桩上，3 号建在承重桩上，4 号建在支柱上。大型建筑物的基础基本上都是由这四类形式改进、融合而成的。

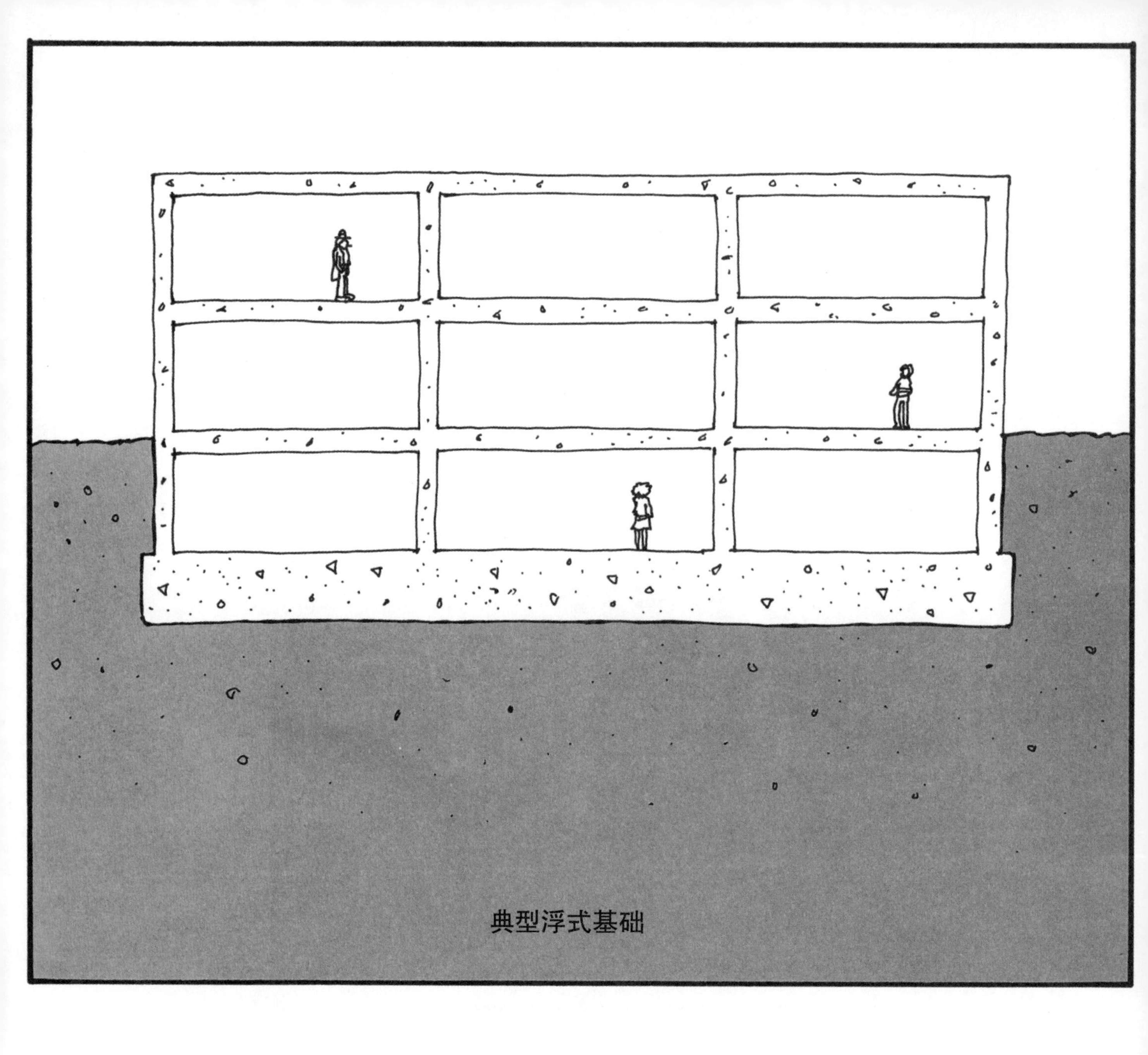

典型浮式基础

浮式基础从根本上来说，就是连续的扩展式基础。但它并非是在建筑物下放置许多独立基脚，而是将整个结构建在一整块钢筋混凝土板上。这种基础适用于土壤条件不稳，但建筑物所在区域足够宽阔，可承担分散载荷的情况。

在不稳定的土地上支撑建筑物的第二种办法，是将建筑物建在摩擦桩上。根据需要，将这些桩以垂直或其他角度打入地下。由于摩擦桩接触不到坚实的土壤，其稳固性就要依靠摩擦桩表面和摩擦桩楔入的土壤之间形成的压力或摩擦力来保

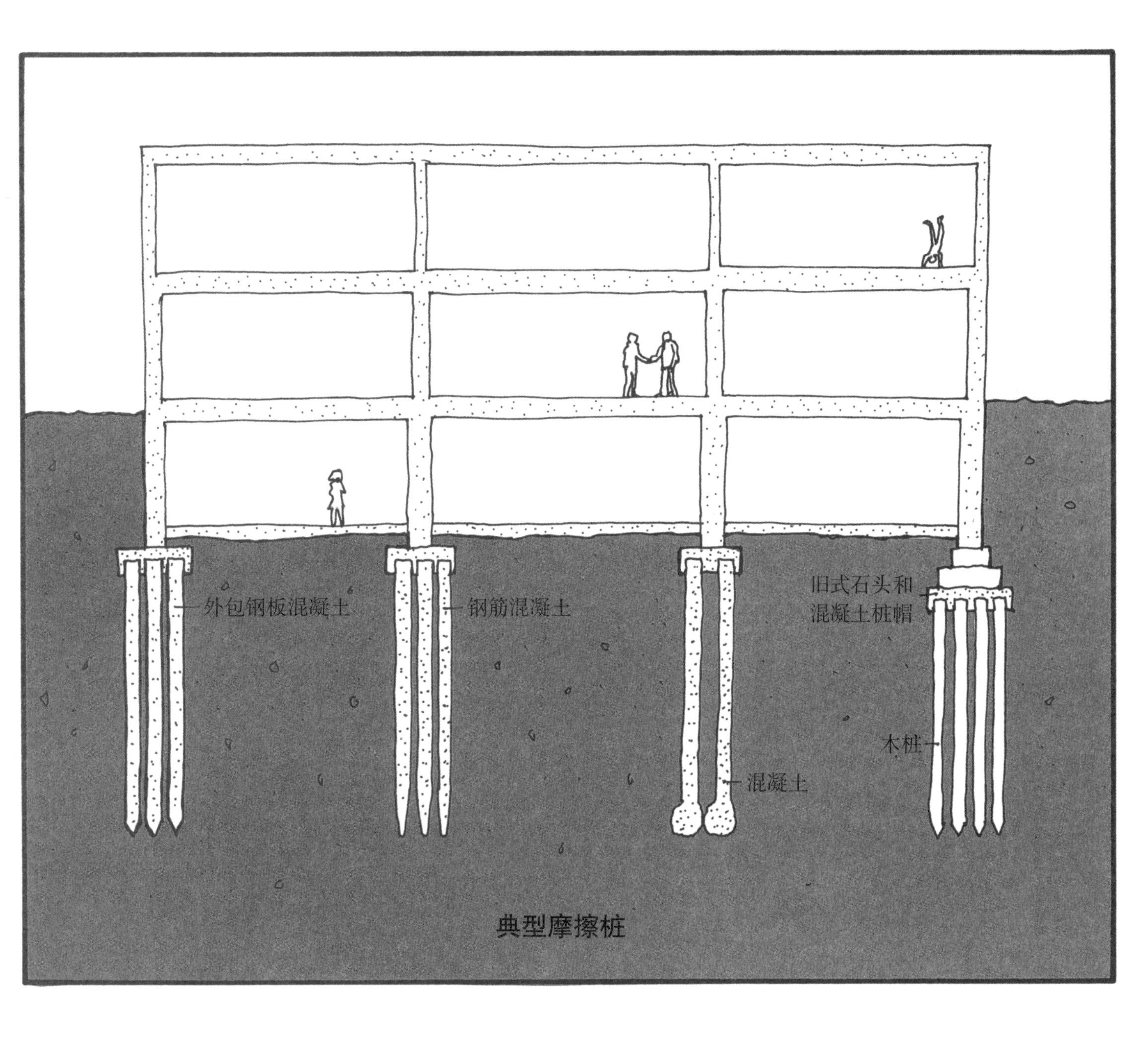

典型摩擦桩

证。至于是建造排列式摩擦桩还是成组式摩擦桩，则取决于摩擦桩支撑的是墙壁还是立柱。将摩擦桩打入规定深度后，就要在顶部连接混凝土板，名为“桩帽”。桩帽和基脚的作用是一样的，可将来自上方的荷载传递到下方的每一根摩擦桩上。现今，大部分摩擦桩都是用混凝土和钢材制成的，而从古罗马到20世纪，人们主要用剥了皮的树干做摩擦桩。如果木制摩擦桩位于地下水位之下并被水浸透，就可以持久使用。但是，如果水位下降，暴露出来的木料就会变干、腐烂。

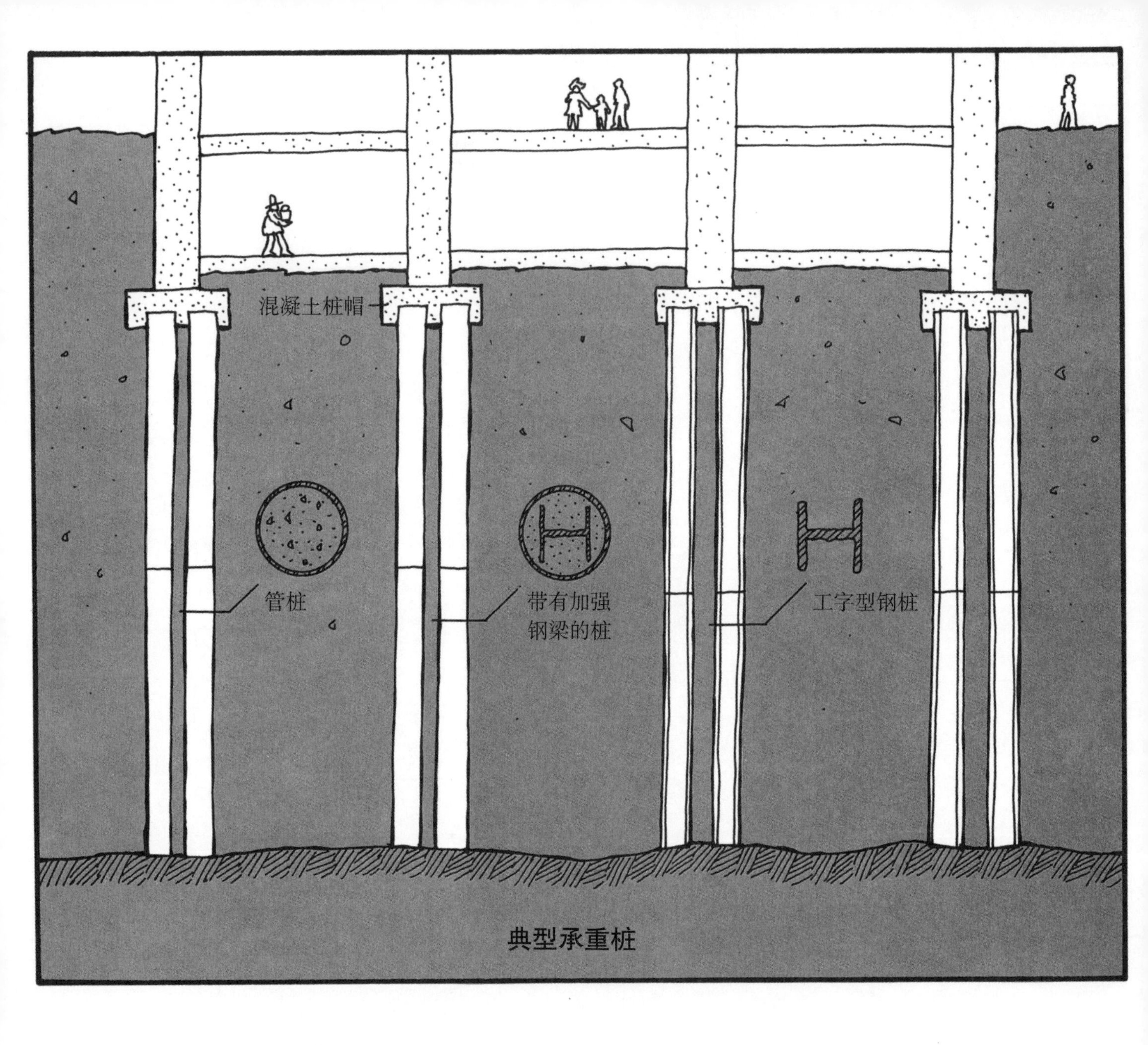

摩擦桩将建筑物的荷载沿长度方向均匀分布，而承重桩则是把荷载通过底部直接传递到坚实的土壤，如黏土层或基岩上，因此承重桩要比摩擦桩长很多，其中一些长度超过 60 米。大多数承重桩都由钢铁和混凝土制成，较短的承重桩可以使用木材来制造。深基础中有两种最常见的承重桩，一种是名为“管桩”的空心钢管，安装就位后要在其中浇筑混凝土。另一种是钢梁，其横截面成工字型，名为“工字钢桩”。这两种承重桩都是分段打入土壤中，并成组分布，最后用钢筋混凝土板封住顶部。

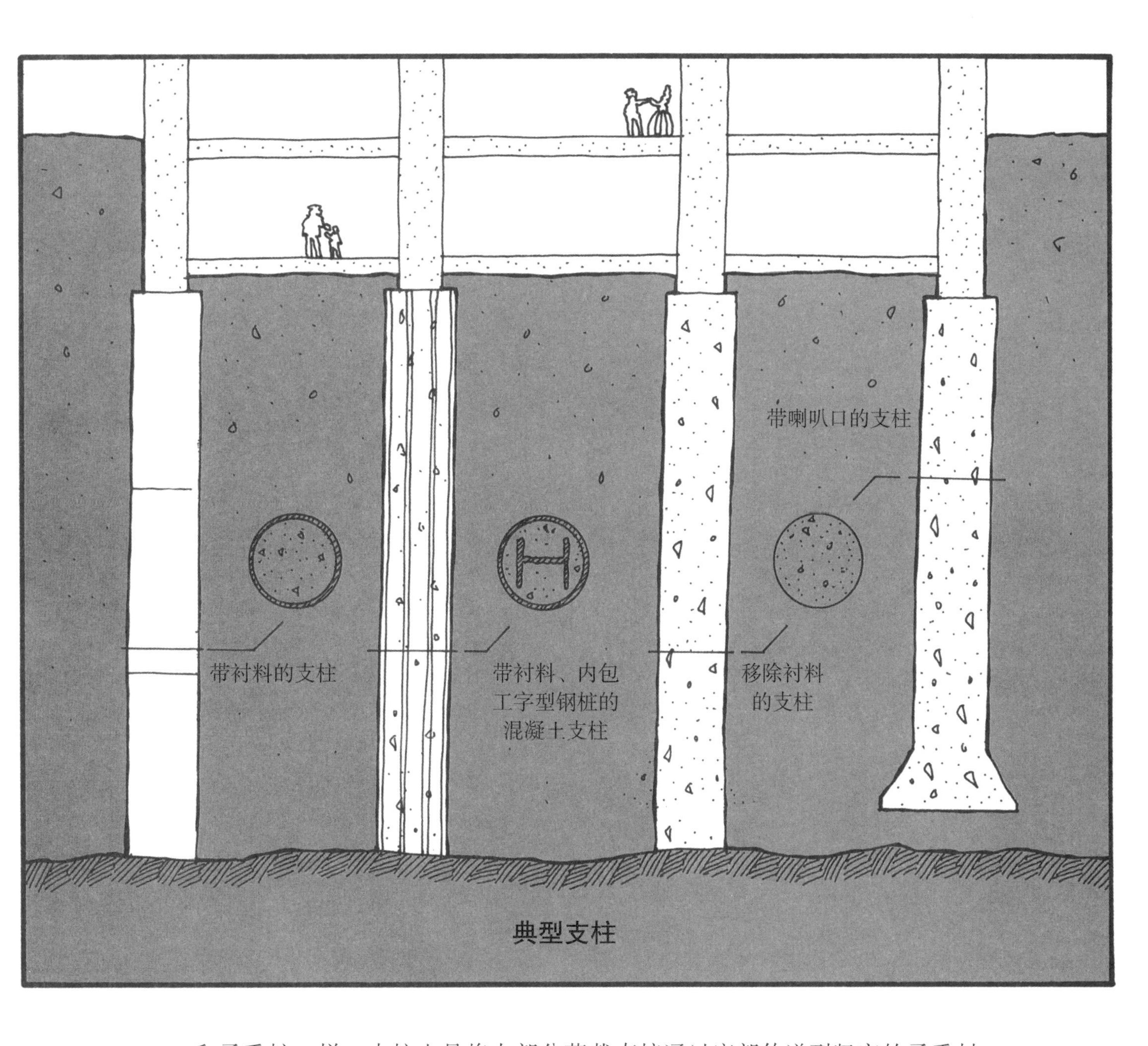

和承重桩一样，支柱也是将大部分荷载直接通过底部传递到坚实的承重材料上。支柱可以是任何形状，通常是在土壤中挖出一个柱形，然后浇筑混凝土。如果支柱不是建造在基岩上，其底部往往需要拓宽成喇叭形，从而增加承受荷载的区域。在挖掘过程中，需要往洞中插入木衬或钢衬，以免侧面坍塌。在浇筑混凝土时，可以把衬料留在里面，也可以取出。一根独立的支柱可以替代一个桩群，因此它不需要桩帽。

施工开始前，工地上的大量土壤会被移走，这个过程叫作“挖掘”。挖掘有两个目的：第一，可以使基础更为稳固得建在地表以下的土壤上。第二，如果使用桩或支柱，可以自动缩短打入土壤的距离或钻孔的深度。

挖掘之前需要采取一些预防措施，以确保这片区域内所有其他建筑物的稳固。由于地基上的荷载会给周围土壤带来压力，且影响范围很广。因此，任何不加控制地移除土壤都可能危及数十米以外的现有建筑物。

如果需要挖得很深，而且基坑侧面是垂直的，就得先在工地上建造一圈挡

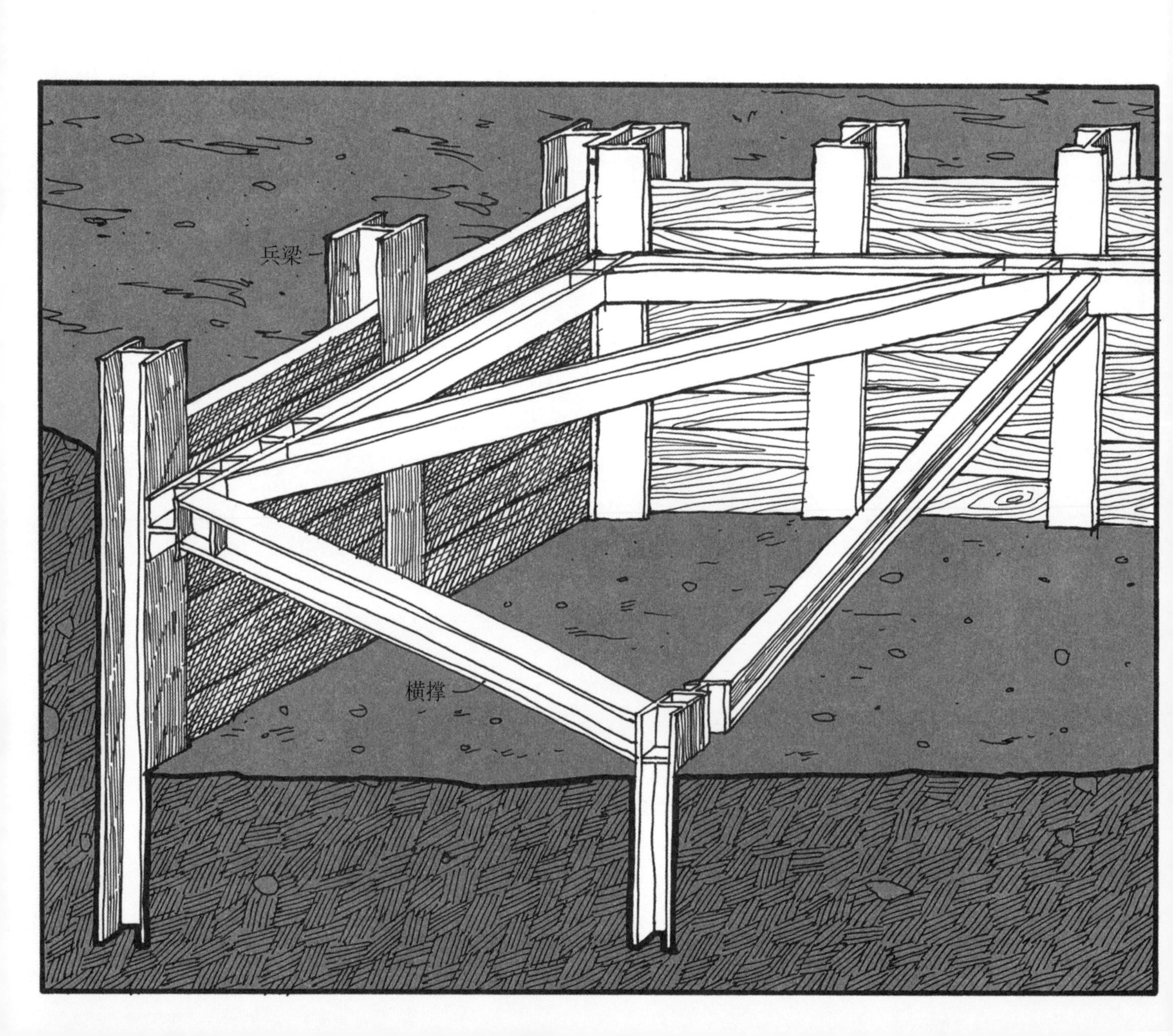

土墙。这面墙能起到适当的支撑作用，防止土壤塌落，并维持周围整个区域的稳固。如果挡土墙用钢材、木料或这两种材料混合制成，就叫作“挡土板”。有一种挡土板由钢梁组成，名为“兵梁”，沿工地周围每隔一段距离打入土中。随着土壤被移走，就在兵梁之间插入水平木板。另一种挡土板由相互扣住的钢板组成，名为“板桩”，要在土壤移走之前就将其打入土中。在这两种情况下，现场挖掘的同时,挡土板要么用一种叫“横撑”的斜梁加固,要么用一种叫“锚杆”的钢条束穿透挡土板，再打入基坑外的土壤或岩石来固定。

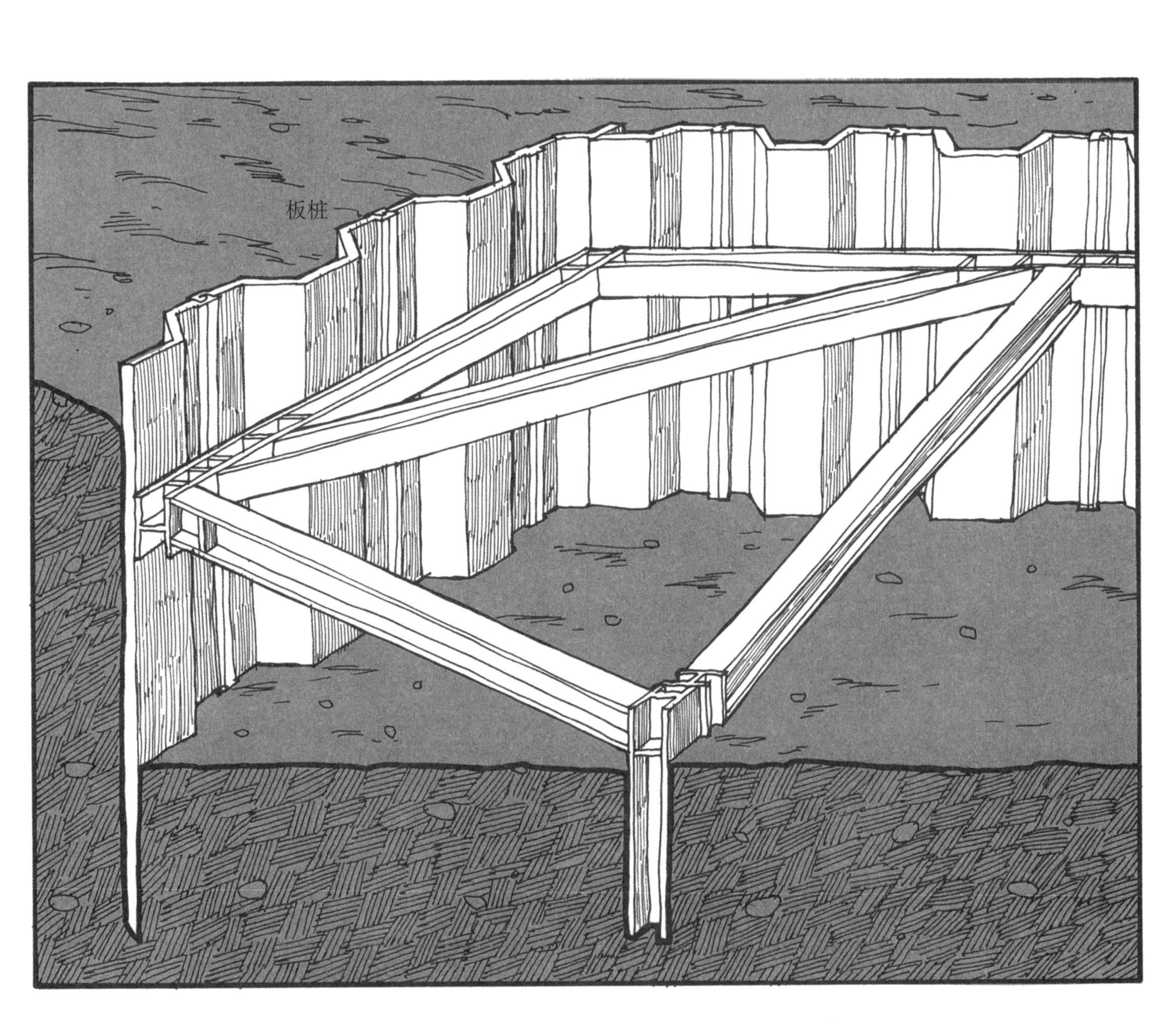

1

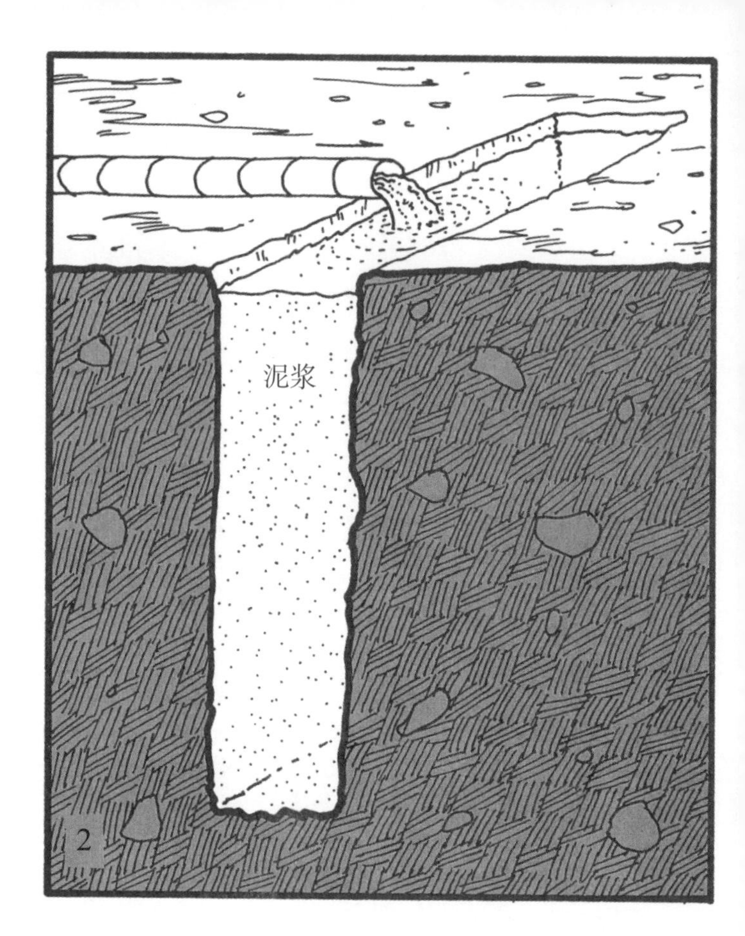
泥浆
2

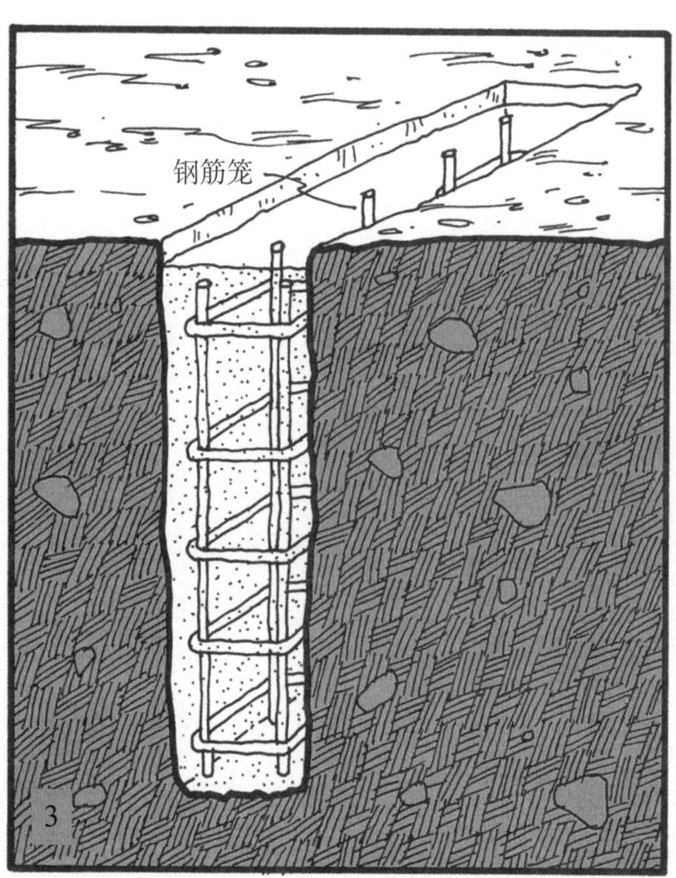
钢筋笼
3

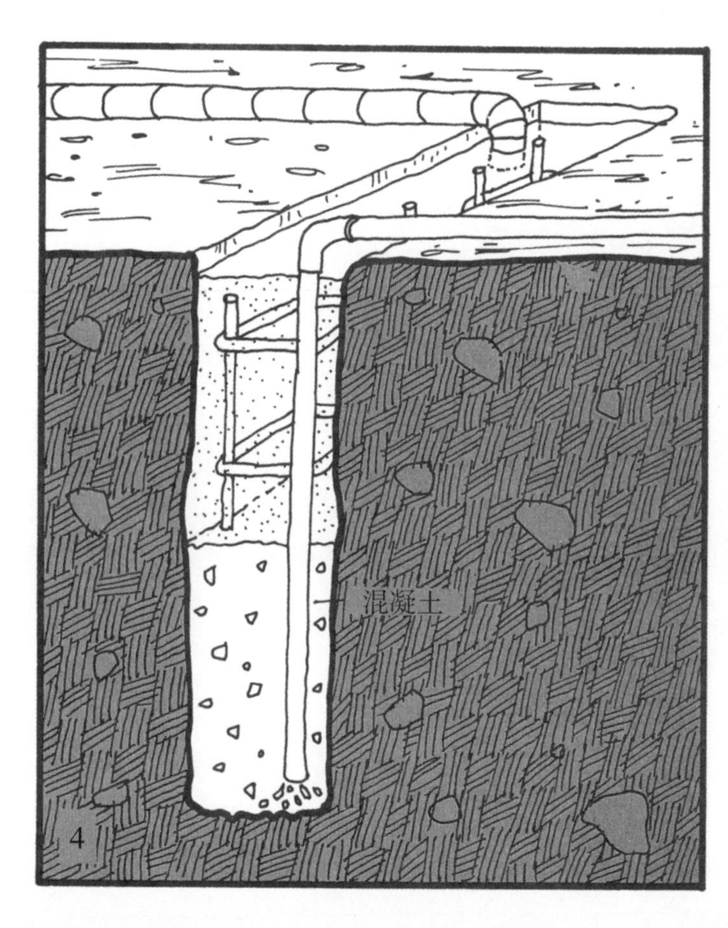
混凝土
4

还有一个在挖掘前包围施工地点的方法是建造混凝土墙，可以把墙建在基岩上，或是比基础深的地方。为了能在不安装护壁板或支撑结构的情况下挖掘沟槽（这样的深度也不可能做到），就要在移出土壤的同时，往洞内填充一种特殊的混合物——泥浆。这种泥浆很重，足以防止沟槽壁坍塌，从而保证土壤总体压力不出现任何变化。沟槽长度为 3 米，挖到所需深度后，就把预先组装好的钢筋笼穿过泥浆滑到底端，然后用钢管把混凝土注入沟槽中。随着混凝土的升高，被挤出沟槽的泥浆就被抽回储藏罐里以备再次使用。混凝土一旦凝固，墙体就和周围的土壤或岩石就固定在一起了。

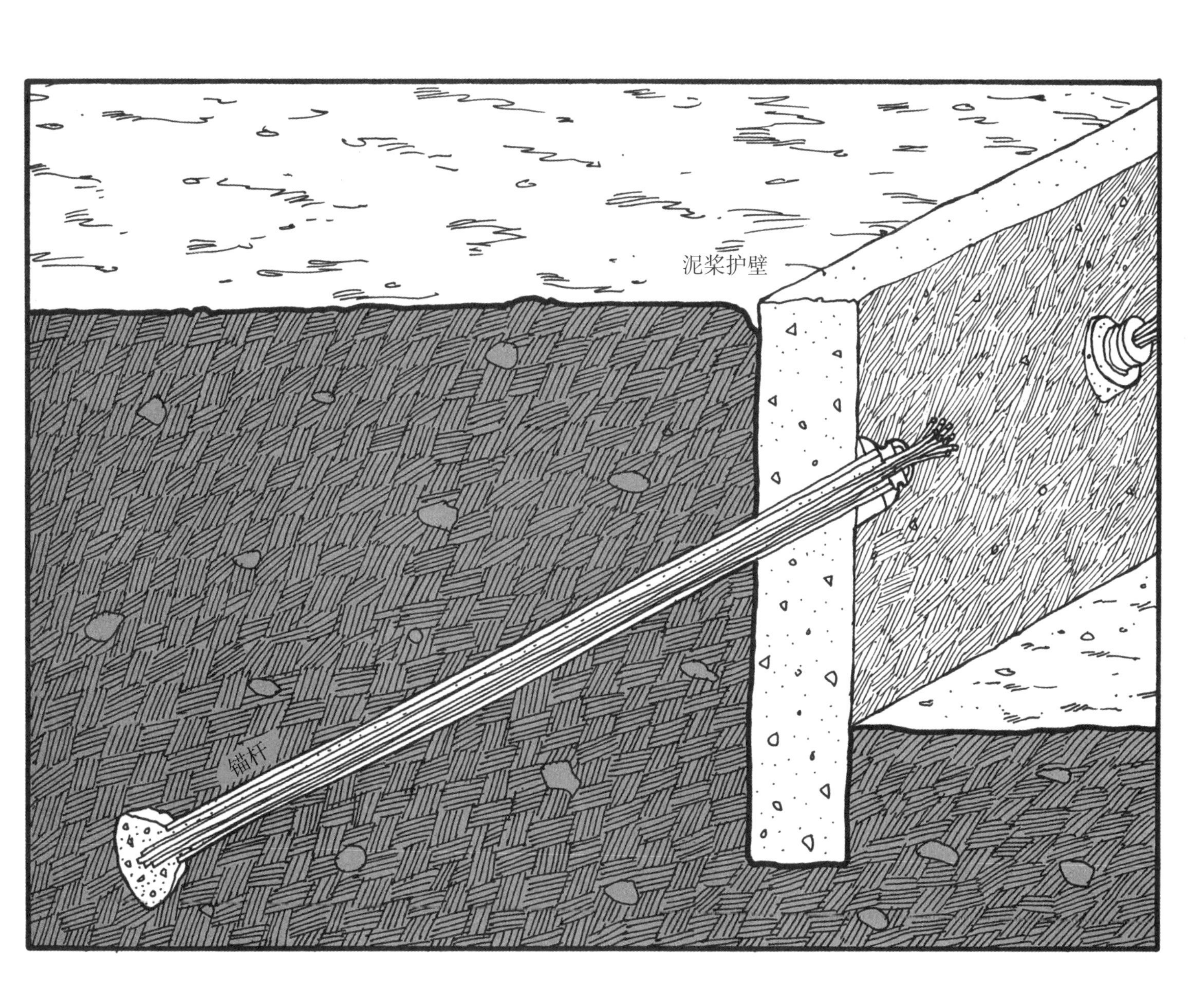

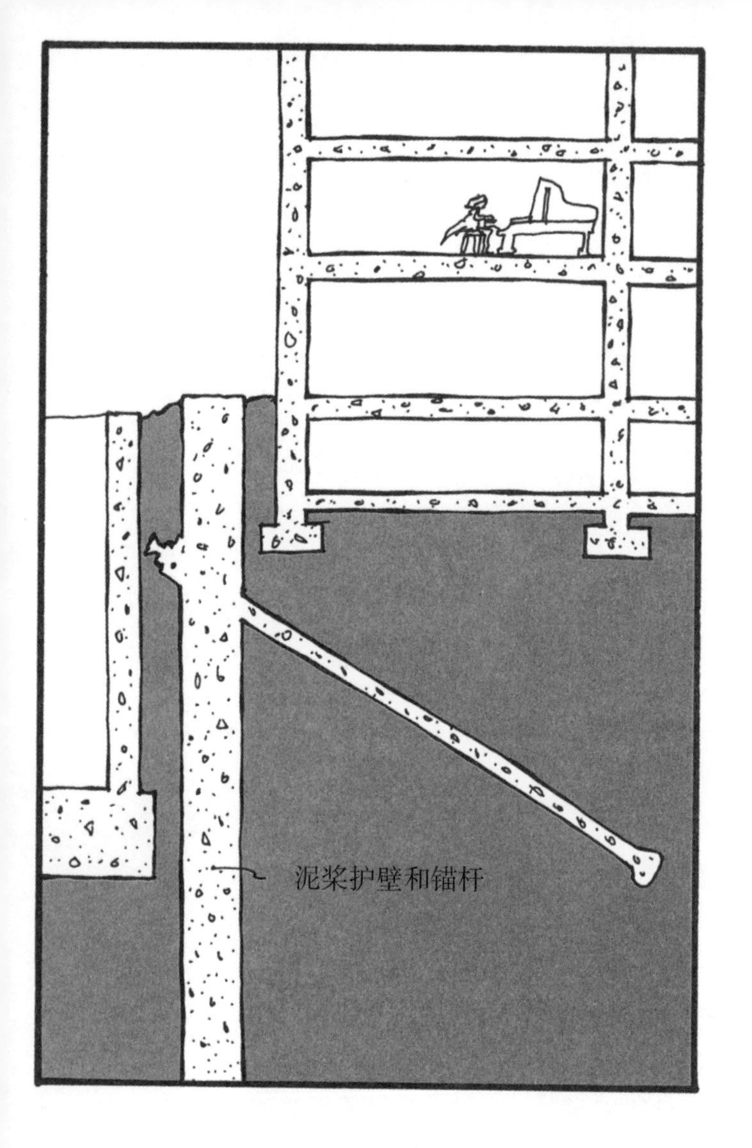

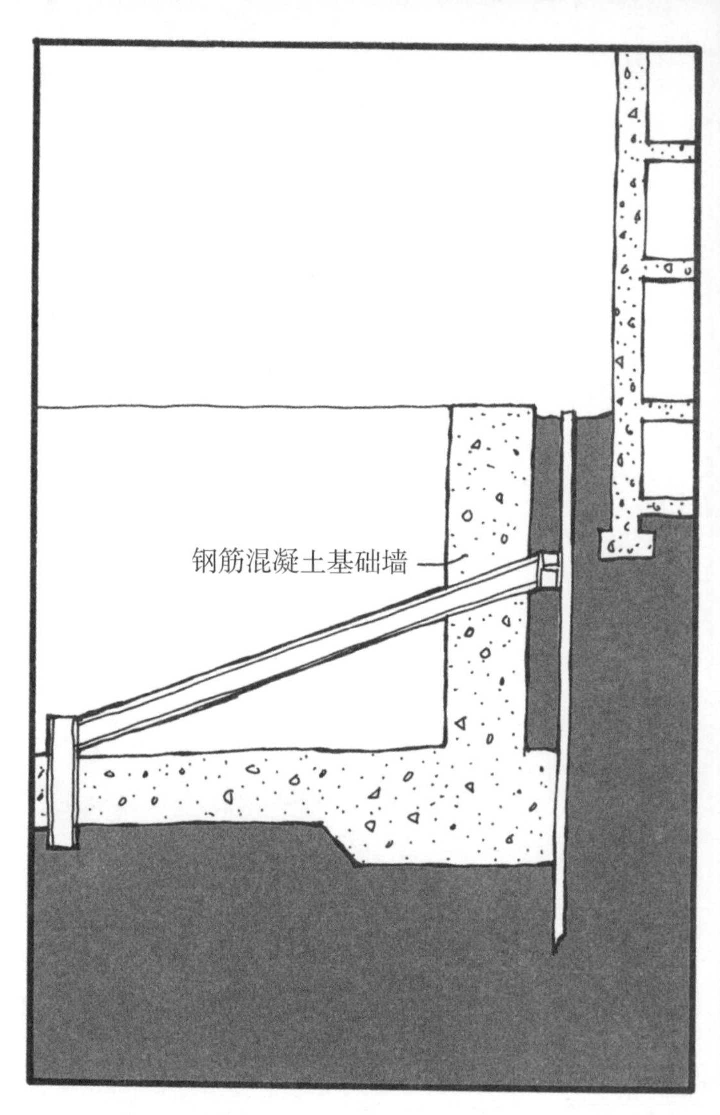

泥浆墙和板桩通常在地下水位较高的区域使用。在这些区域里还会用到由一系列管子组成的“井点设备”。这些管子会被打进基坑下方的某一个位置，由连接它的泵将水抽出，使地下水位维持在一定的高度。这个过程必须在严格的监测下进行，因为不断抽走基坑土壤里的水，会使周围区域的地下水位下降。无论下降多少都会使土壤密度增加，从而影响现有基础的稳固。出于这个原因，有时就需要把水从施工地点抽走再注入周围区域。

在正式施工前还有最后一个重要问题：当一栋建筑物的基础与施工地点邻近，且它的基础高于即将挖掘的基坑时，现有建筑物的基础就会出现向这个基

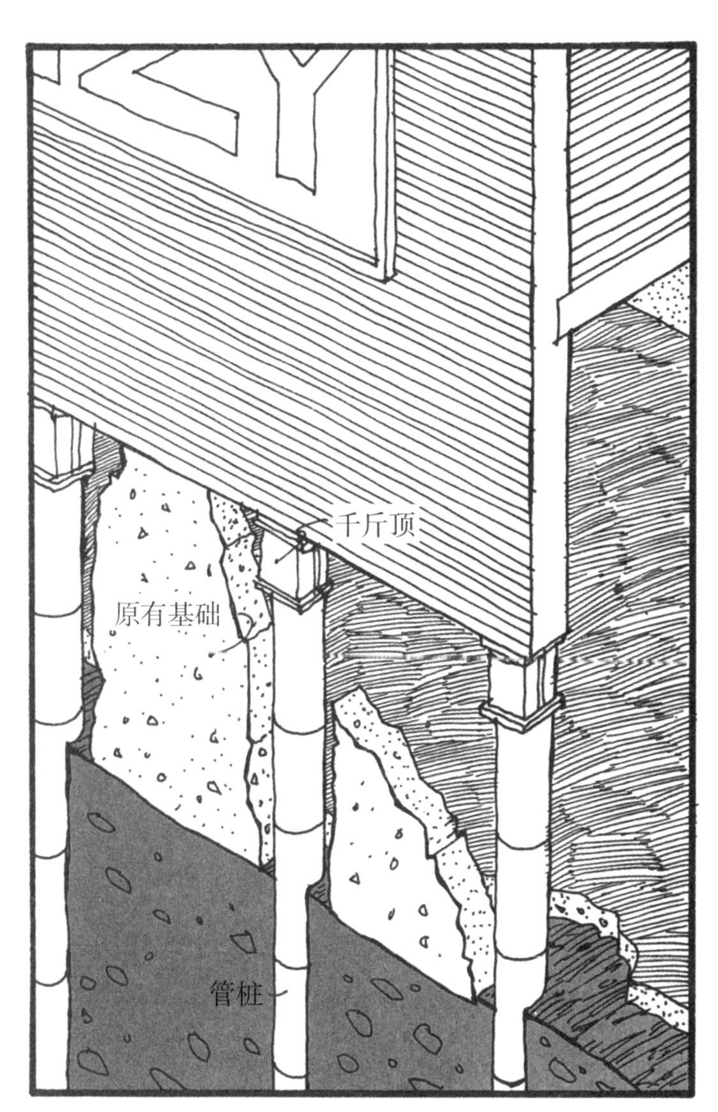

坑侧陷的趋势。这时可以通过几种方法来抵抗或消除这种横向压力：一是贴近现有建筑建造并锚固泥浆墙；二是使用板桩，同时要为新建筑建造特殊的钢筋混凝土基础墙，这样既可以承受水平压力，也可以承受垂直压力。

还有一种方法则需要在扩展现有基础或整体替换基础的时候，建一个名为“支承构架”的临时支撑物。支承构架要么由一种水平钢梁“簪梁”组成，簪梁嵌入原基础墙上的孔洞里；要么由管桩组成，管桩要打入基础之下。这样一来，基础墙的重量就不会直接作用在它下方的土壤上，就可以挖掘基坑、建造新的基础了。

十字路口准备建造四栋楼房，在对它们的地基进行任何施工之前，必须做好一切预防措施。1 号工地的土壤依次从各个区域被挖掘出来，并且一直要挖到相当坚固的土壤才行。如果挖掘深度超出了基础所需的深度，就要夯实土壤、沙砾或碎石，重新建造基坑地面。这项工序完成后，基础墙和立柱的位置就确定下来了。主立柱下的钢筋混凝土板厚度会有所增加，所以要在此处挖掘带有斜壁的矩形凹槽。

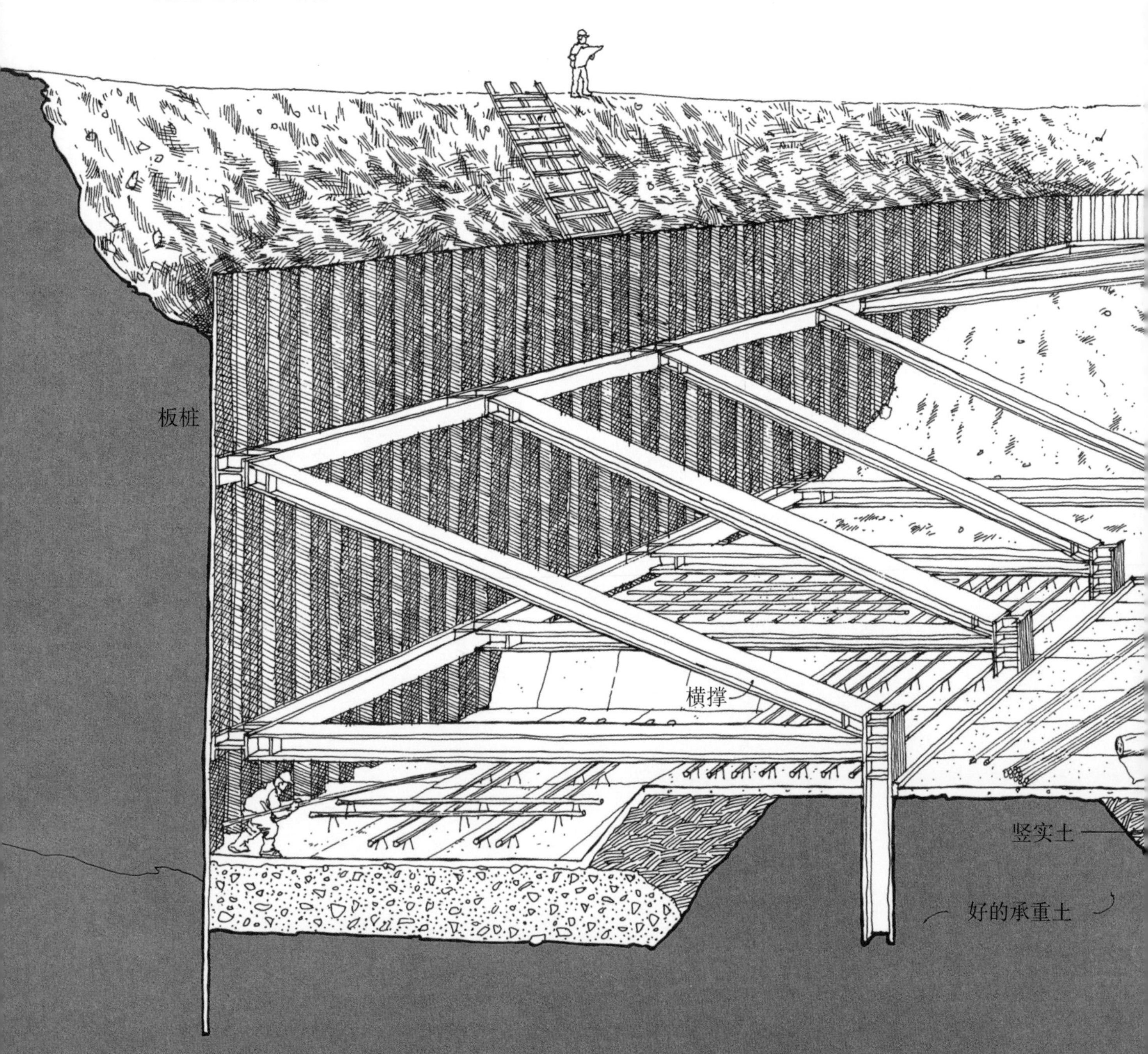

基坑的表面必须精心准备，因为它将成为扩展式基础底部的模板。有时候，还要在土壤上铺一层 7 厘米厚的混凝土，名为“混凝土垫层”，它能够使模板更加坚固和平整。不论是否使用混凝土垫层，在最后的钢筋混凝土板浇筑之前，整个基坑都要铺上塑料防水卷材，然后从防水卷材上方十几厘米处开始铺设多层钢筋。

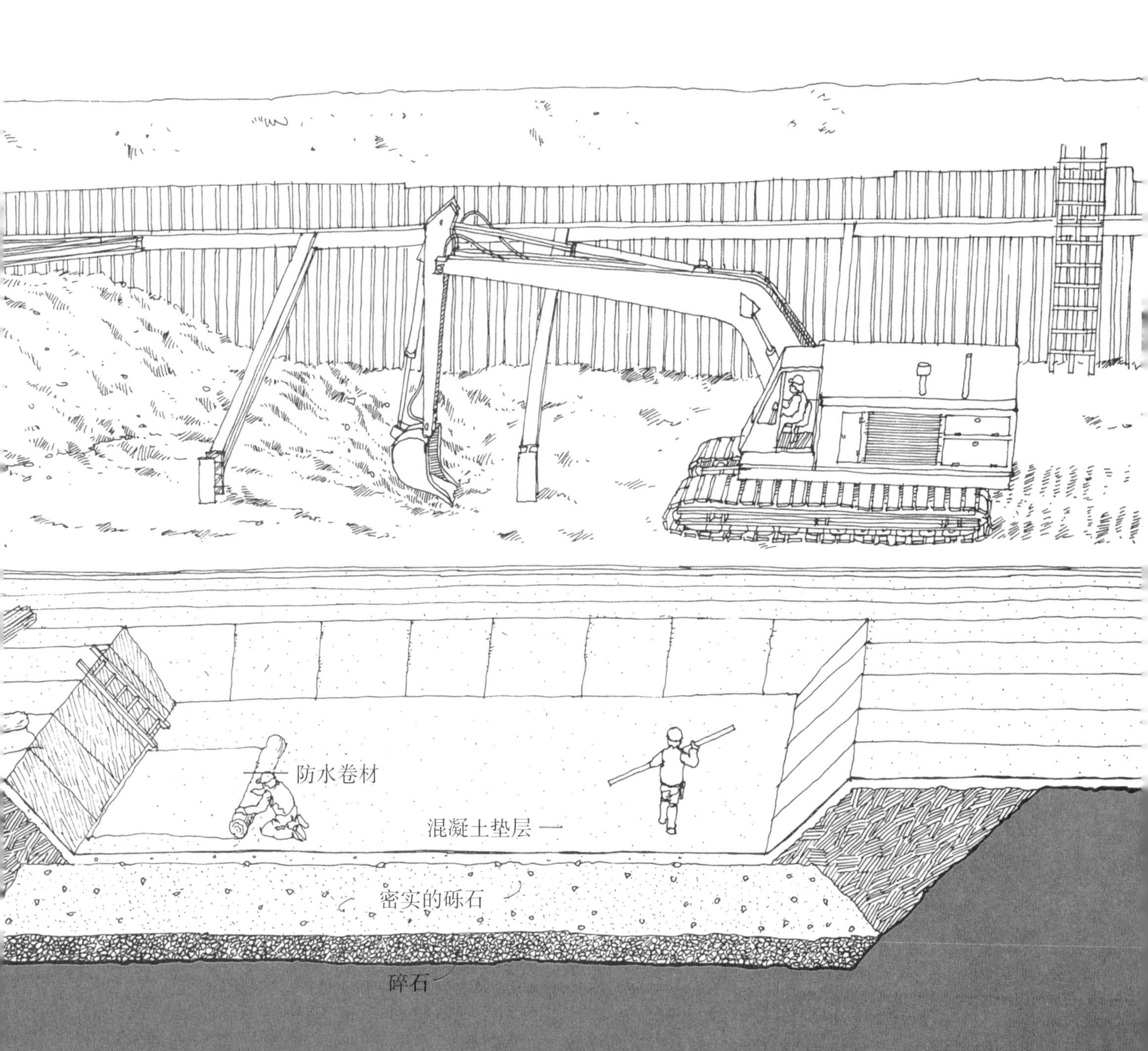

钢筋混凝土板又大又厚，所以需要分段浇筑。每当一个区域放好钢筋，就围绕这些钢筋建造一个垂直模板，用软管将混凝土泵入，确保混凝土填满所有空间。当混凝土达到所需强度后，就可以开始建造它所支撑的立柱和部分墙体了。每根立柱所在的位置都要埋进一块厚钢板，并仔细找平。使用钢板能够避

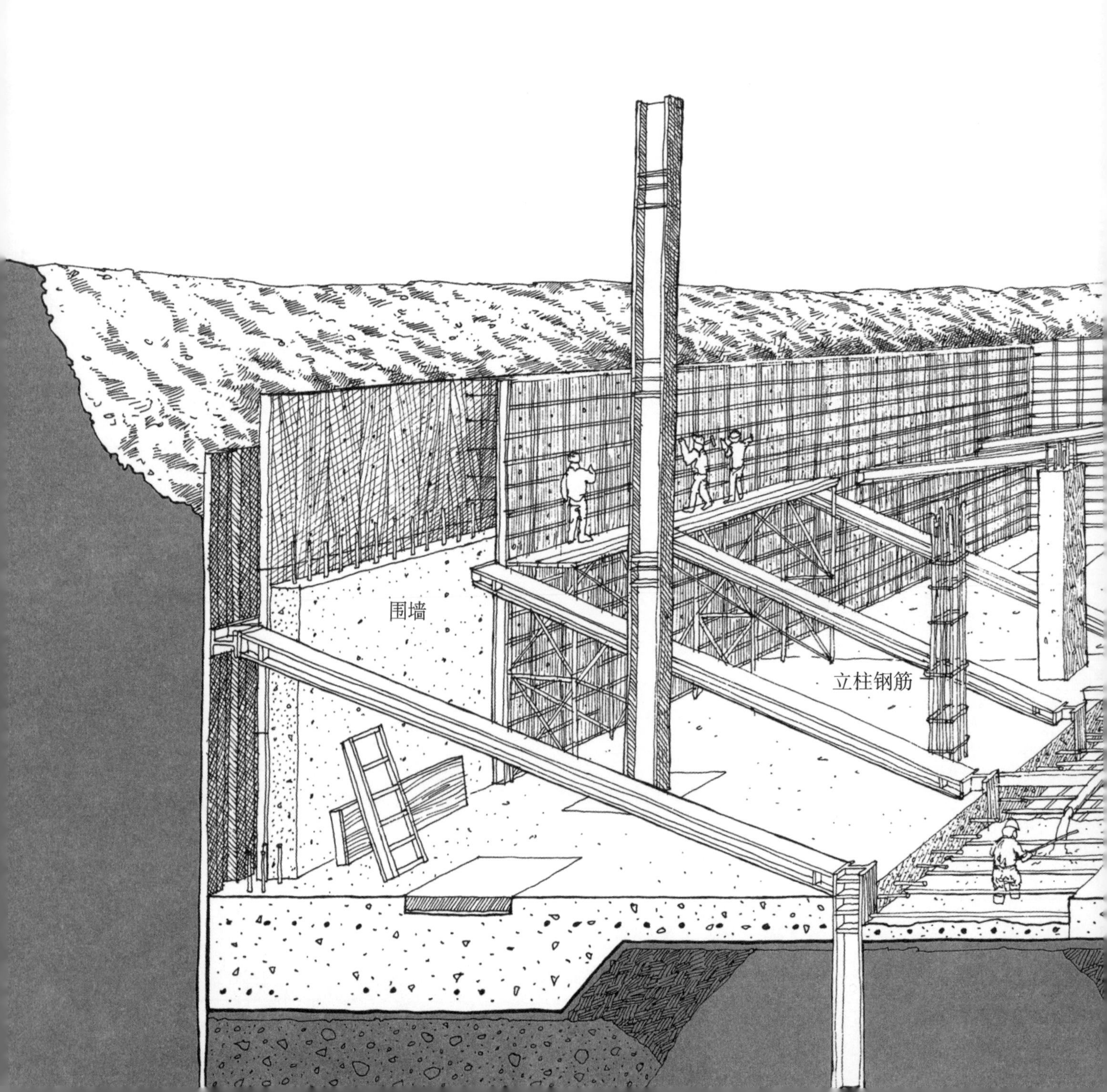

免钢柱压碎下方的混凝土。固定立柱与钢板的同时，会围绕钢筋混凝土板的周围建一道很高的混凝土围墙。当围墙达到最大硬度时，就在外壁覆盖一层类似焦油的防水材料。

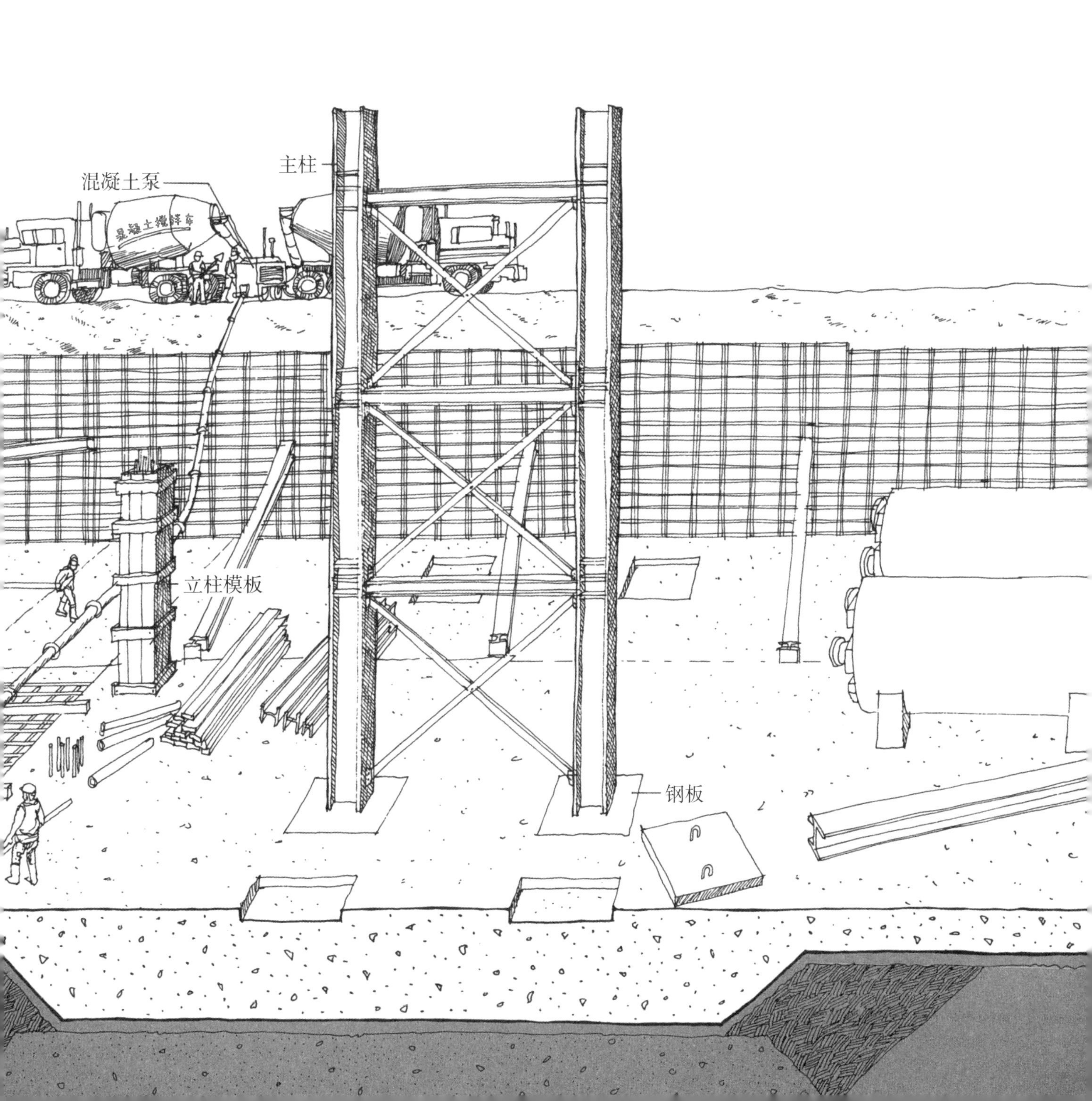

这道工序完成后，基础墙和挡土板之间的空隙要用坚实的土和砾石填塞。

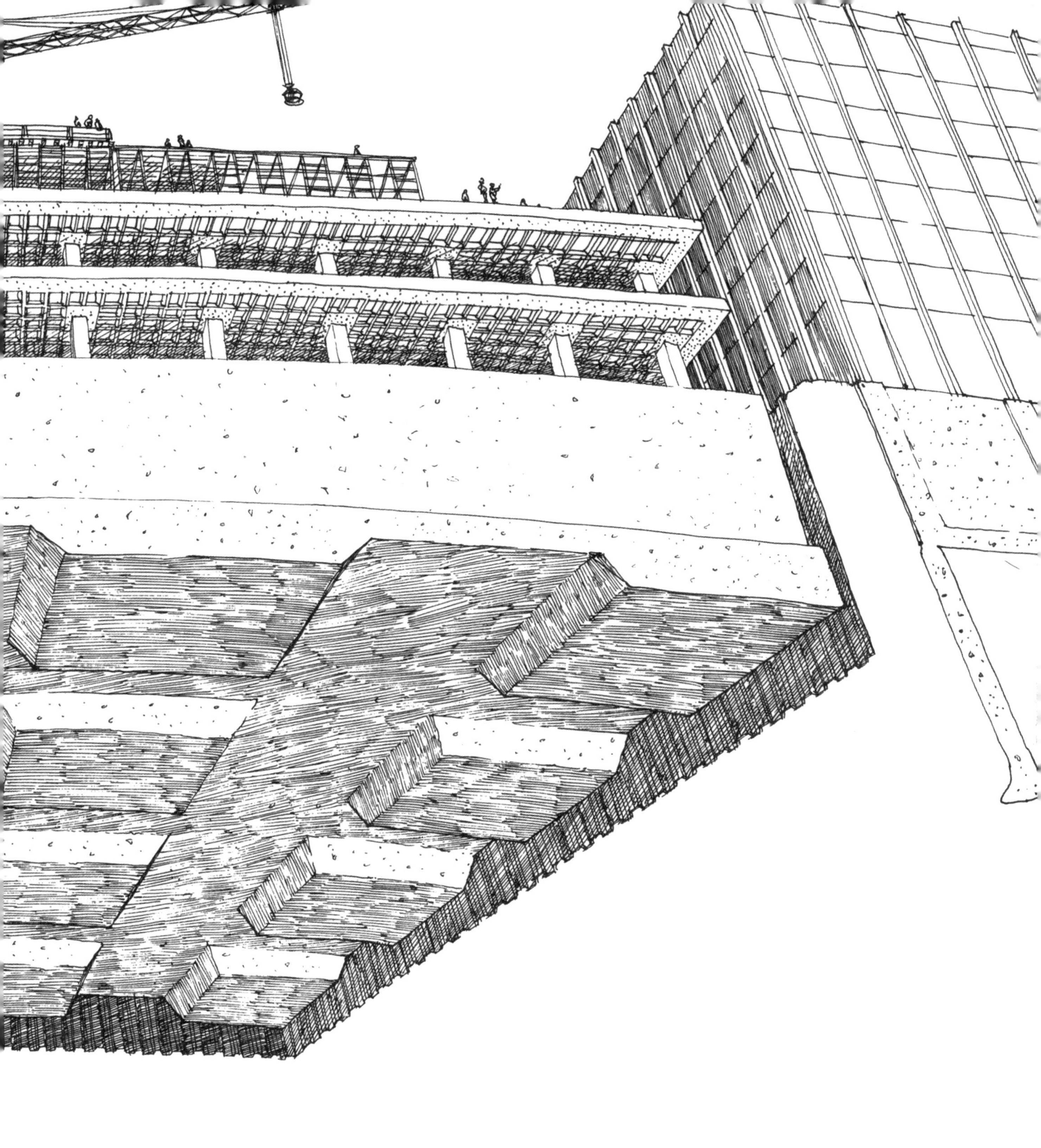

地下施工全部完成后，要么将板桩移除，要么直接把地上的部分截断。

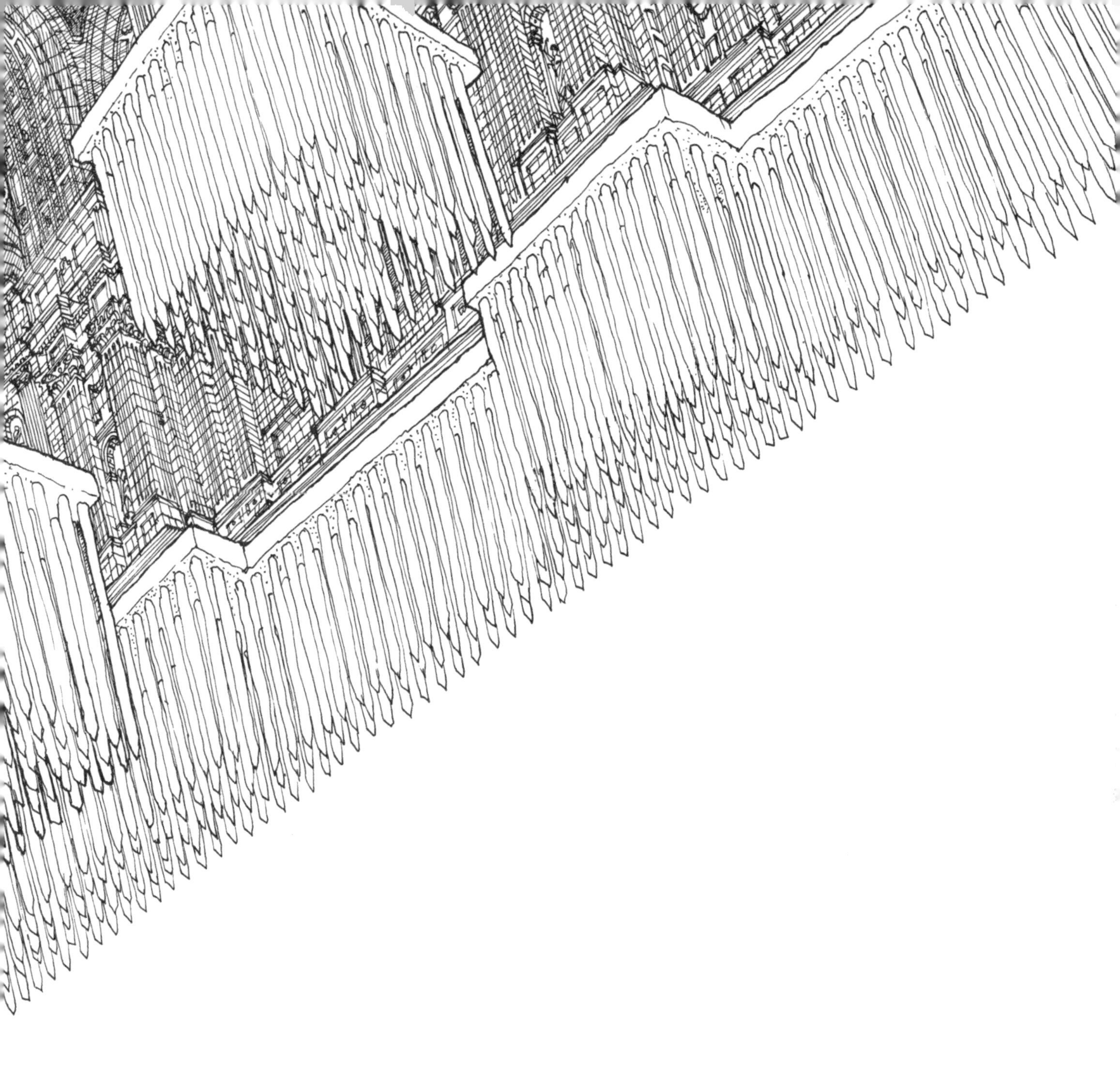

2 号建筑是十字路口上历史最悠久的建筑，也是唯一的石砌建筑。它的基础墙和立柱都由木摩擦桩支撑。

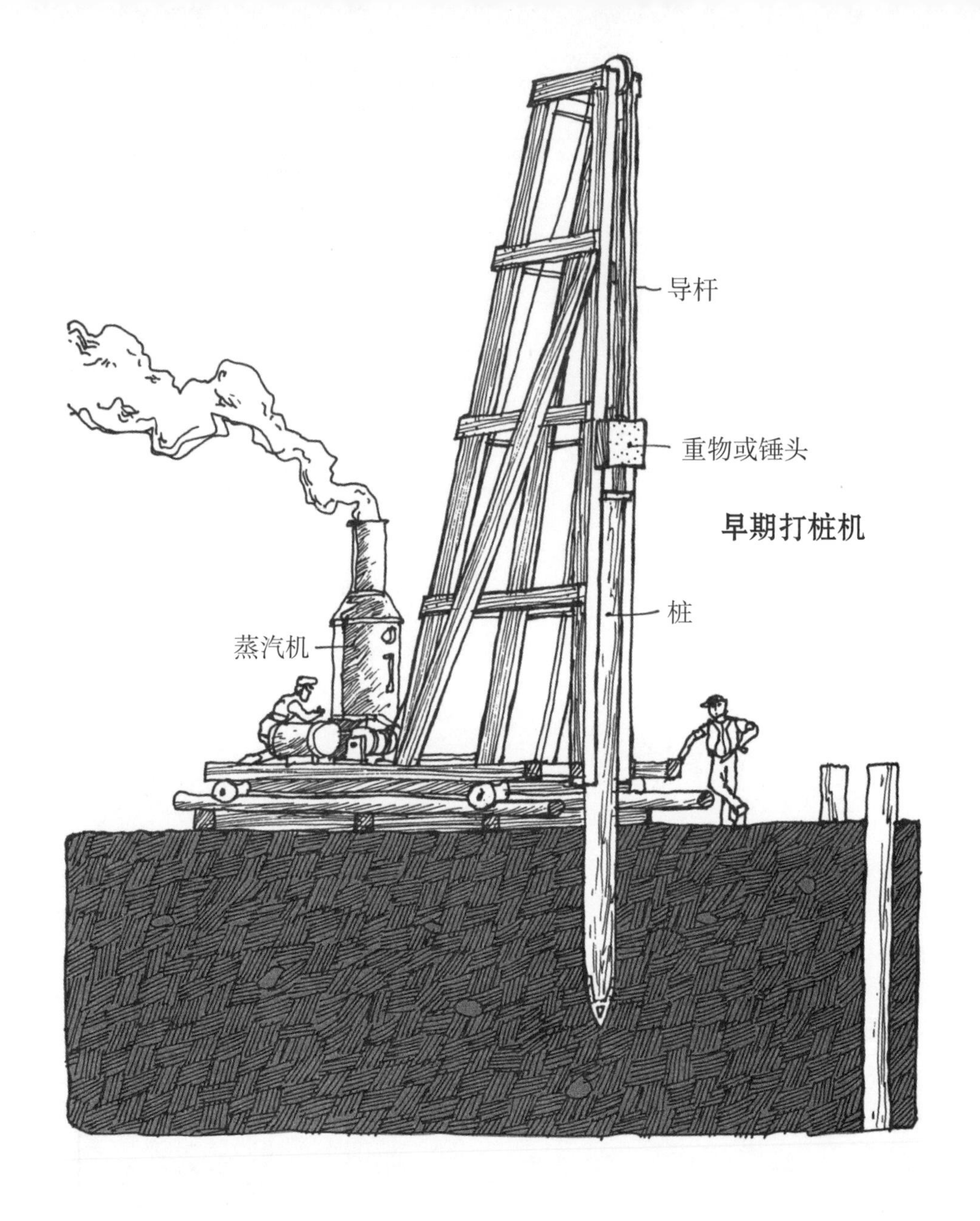

桩子由它上方的重物沿两侧导杆反复向下锤打而进入土中。施工方通常会在施工现场的不同位置打几根测试桩。通过向每根测试桩加压，精确测量沉降速率，就可以确认特定区域中每根桩可以承受的荷载。由于巨大的重量集中在一起，每四根主柱下面都有数百根桩子组成的桩群。每组桩群相隔约 0.6 米，打入地下约 15 米深。主桩群顶部是钢筋混凝土和花岗岩石块构成的承台，外墙也在数排平行桩上建了类似的承台。

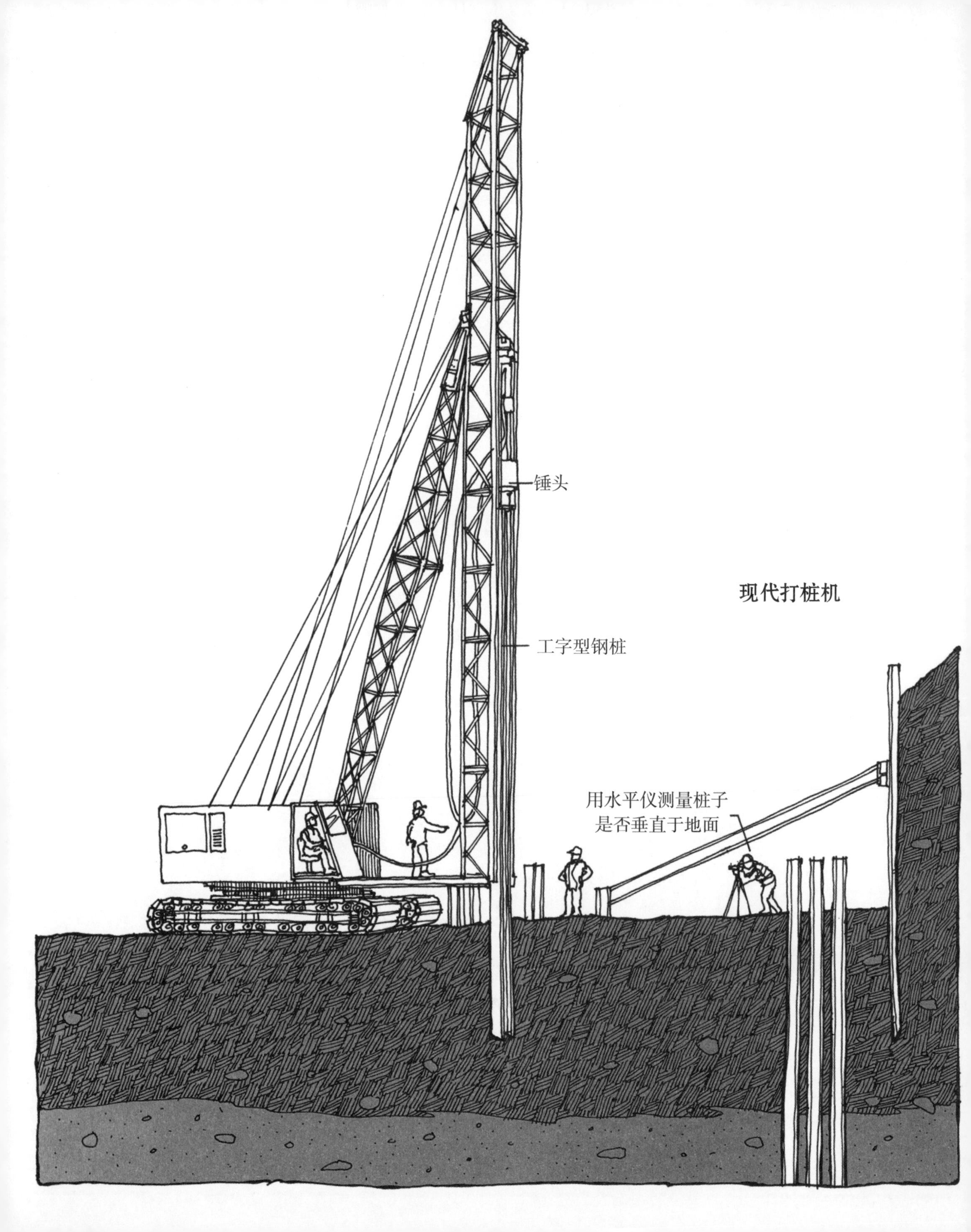
锤头
现代打桩机
工字型钢桩
用水平仪测量桩子
是否垂直于地面

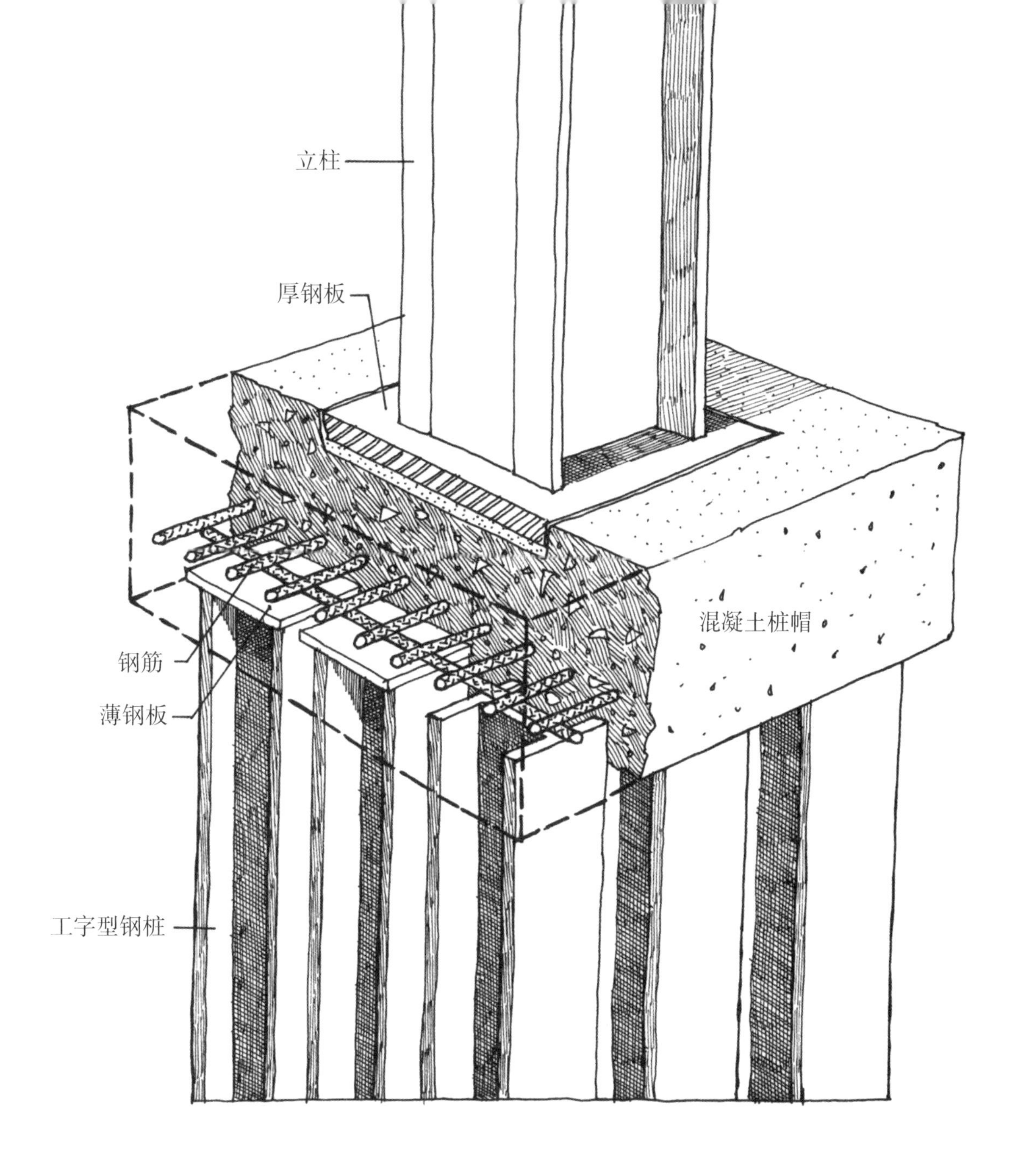

3 号建筑建造在打入基岩的工字型钢桩群上。基坑挖掘完毕后，将立柱在工地精确排开，确保它们排列整齐。一截桩子完全打入土中后，再焊接上另一截，直到达到所需深度为止。当一个桩群的桩子全部安装到位后，就要把它们在同一高度截断，顶部安上桩帽。与此同时，沿基坑周围设置基脚，混凝土基础墙将建在基脚上。当基脚和承台建造完成后，就可以给地下室的地面浇筑混凝土了。

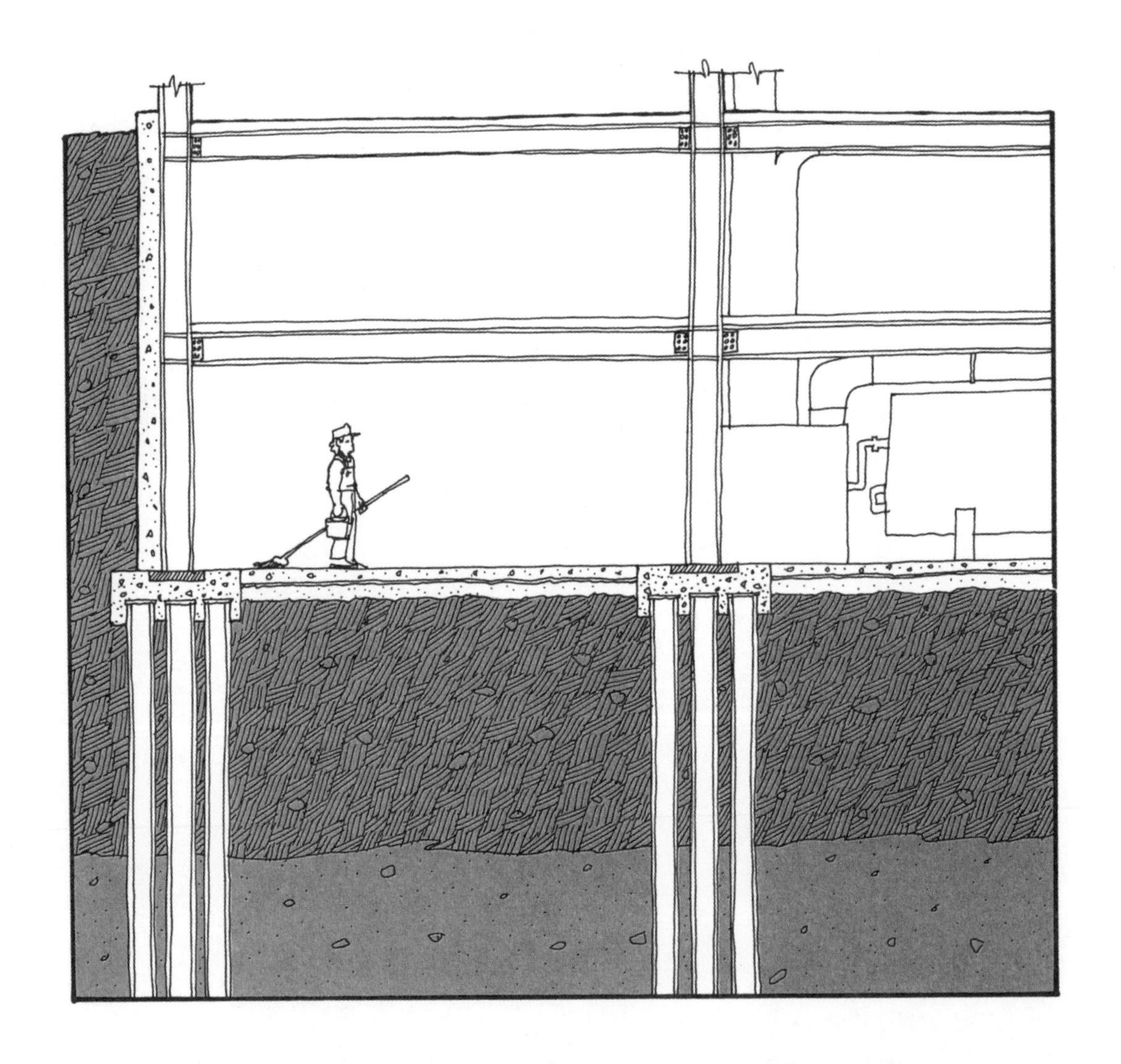

暴露在外的土壤都要先找平，再覆盖一层碎石，然后铺设塑料防水板、铺设钢筋，最后将混凝土泵入。随着地下室地面的施工，相应部分的围墙、地平面以下所有立柱和底板，以及其他杂七杂八的混凝土施工项目都应支好模板并进行浇筑。

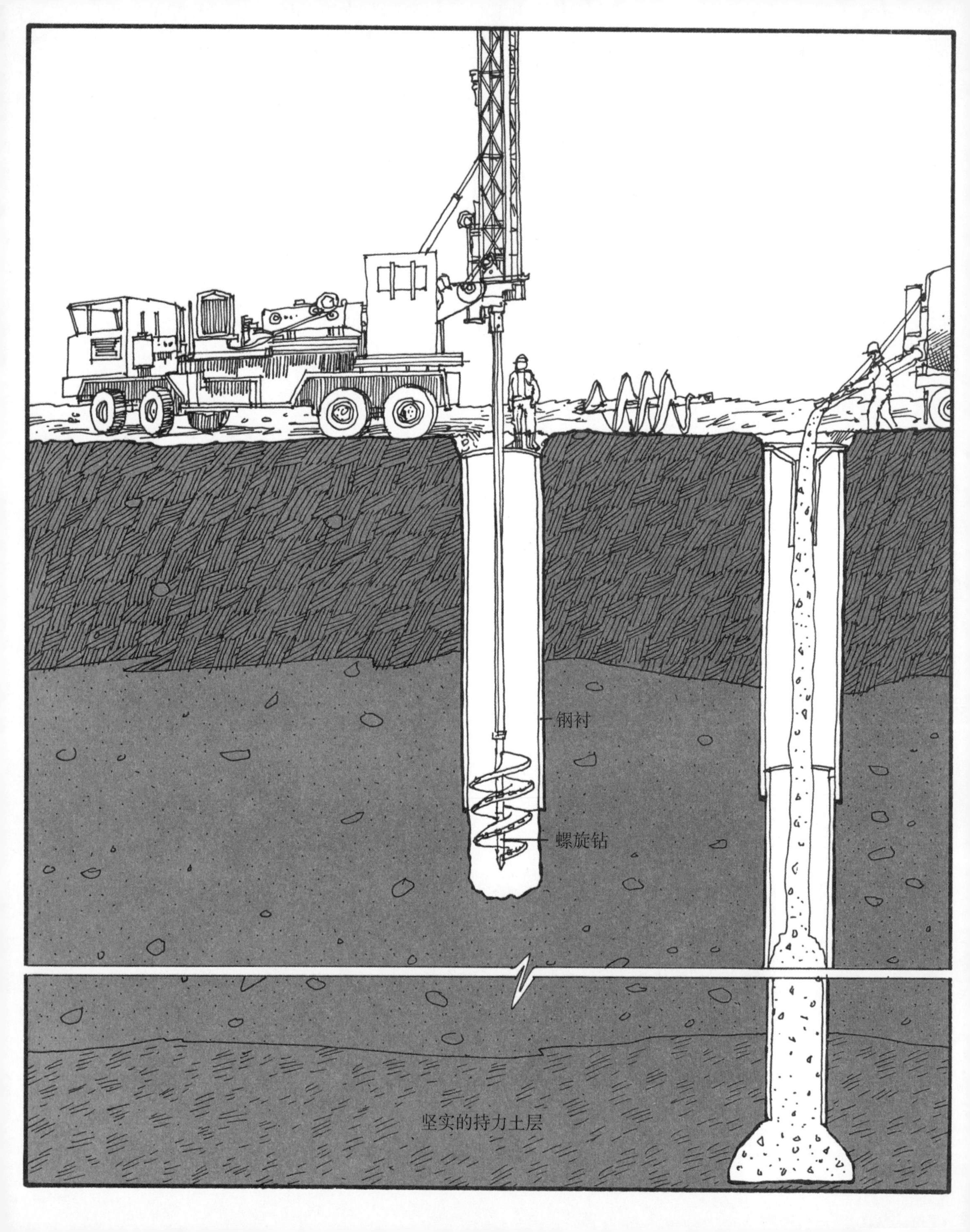
钢衬
螺旋钻
坚实的持力土层

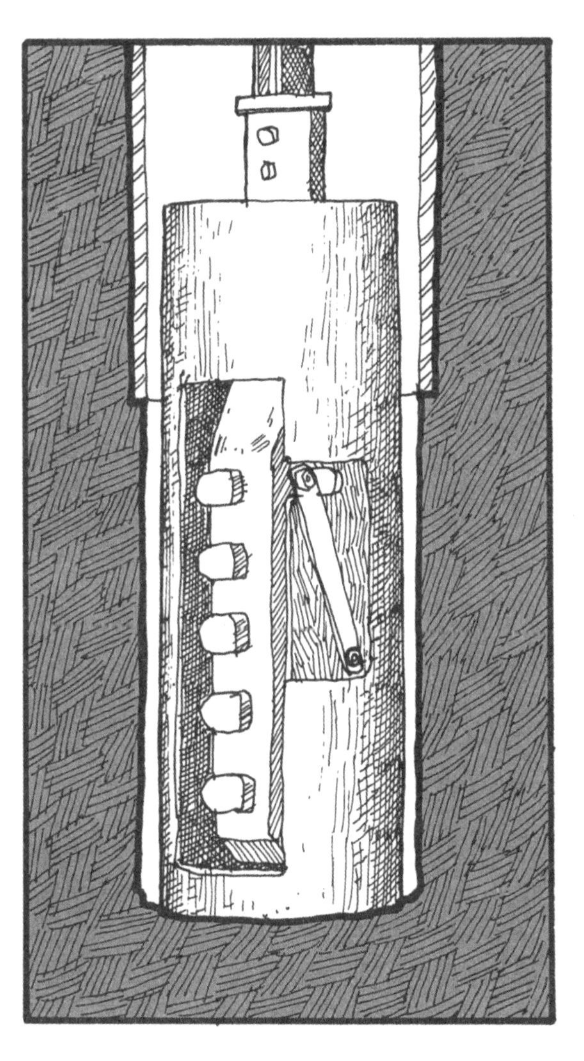

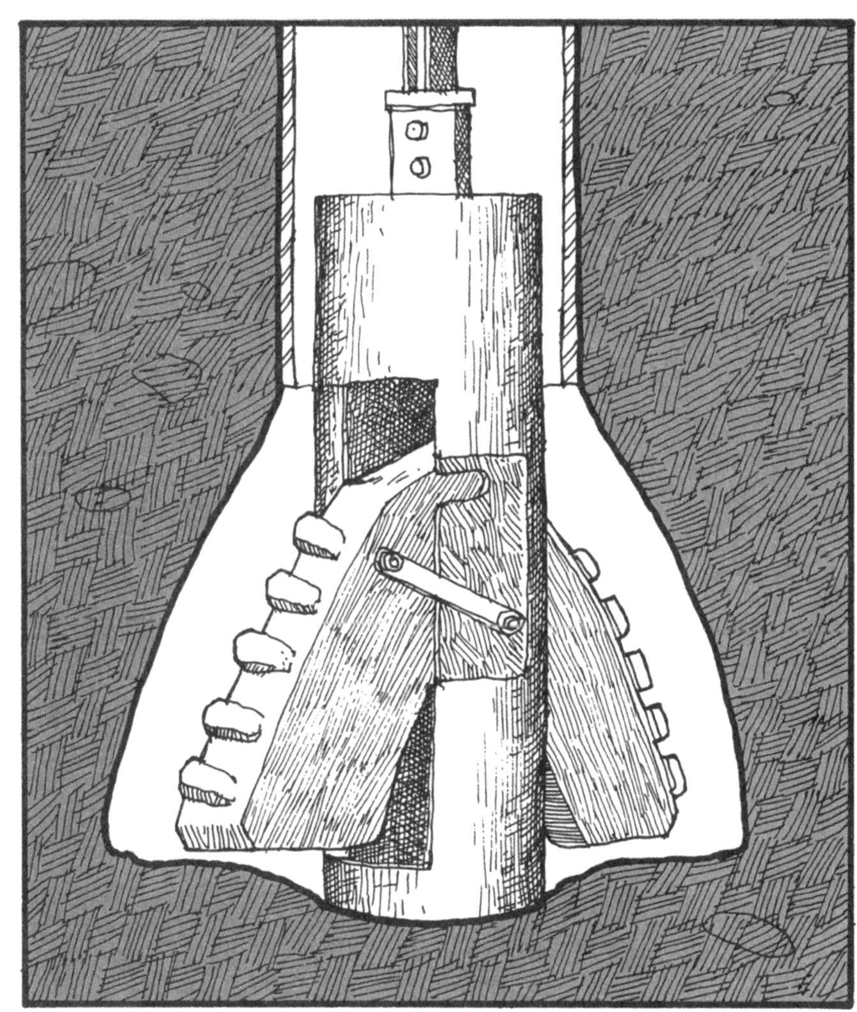

4 号建筑支柱的位置在施工现场标出来以后，就要用名为“螺旋钻”的圆形切割设备在每个位置上钻一个大洞。随着螺旋钻的旋转，叶片之间会充满土。每隔一阵将螺旋钻取出时，土就被带出来了。挖洞的时候需要衬料——这里指的是钢管，把钢管放进洞中能够防止泥土塌陷。当第一根钢管顶部与地面平齐时，把第二根较小的钢管放入第一根里，第二根钢管中也要使用相应大小的螺旋钻。这个过程要重复多次，直到洞达到所需深度。

这些支柱不会延伸到基岩，因此要将底部做成喇叭口。为此，要在螺旋钻末端加装一个特殊的切割工具，降入竖井底部。钻头旋转时，向两边伸出的叶片会把土壤挖出一个喇叭口状的凹槽。当凹槽扩展到所需直径时，就往竖井中填充混凝土。浇筑过程中，从最小的钢管开始移除所有钢衬。当混凝土到达支柱顶部时，就在其中插入钢筋。

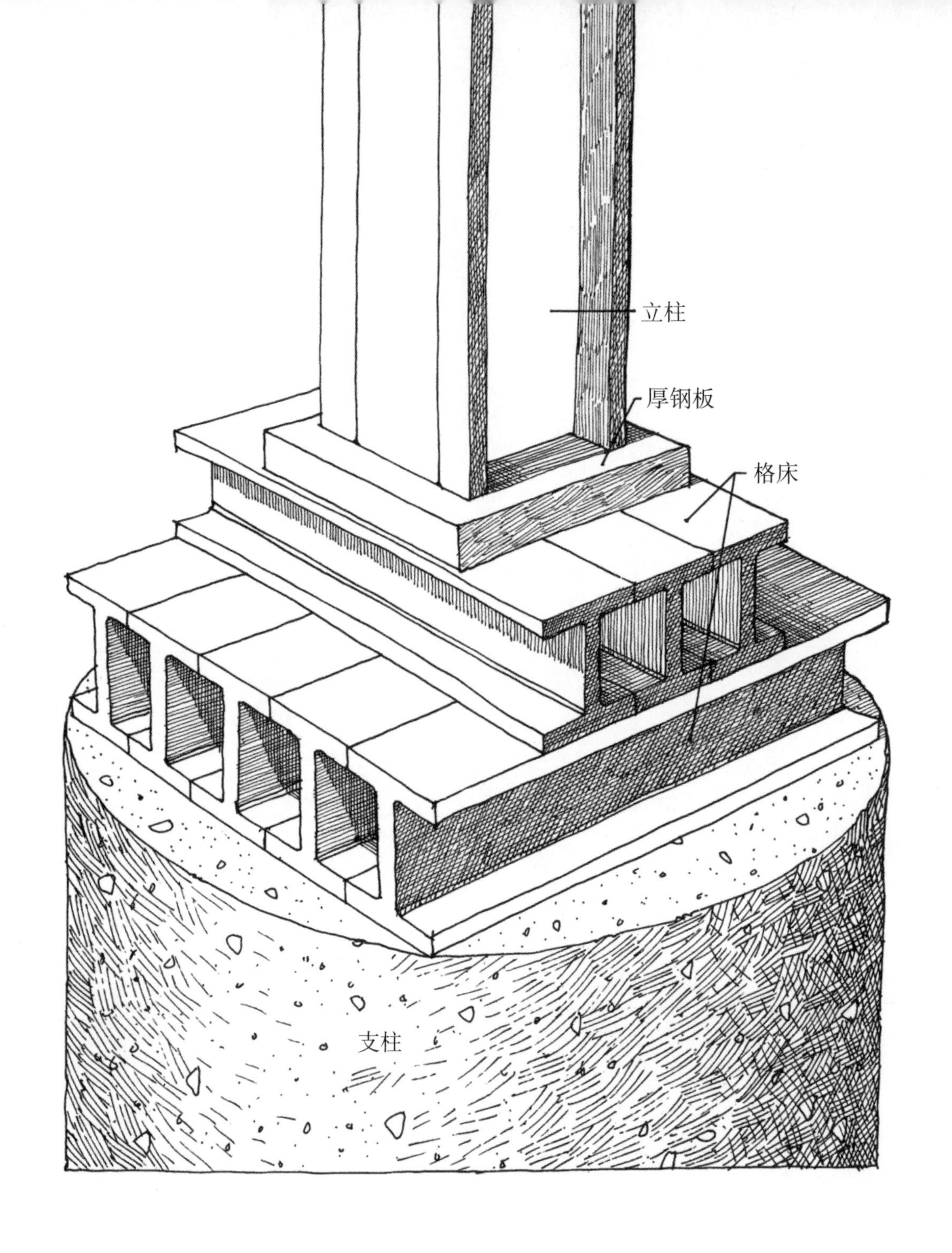

钢筋设置好后，会把一层短钢梁连接在钢筋上。第二层钢梁铺在第一层上，与其形成直角。这两层钢结构名为“格床”，作用与钢板类似，能将柱子的荷载更均匀地分布在支柱顶端。随着地下施工完成，格床最后会用混凝土加以覆盖。

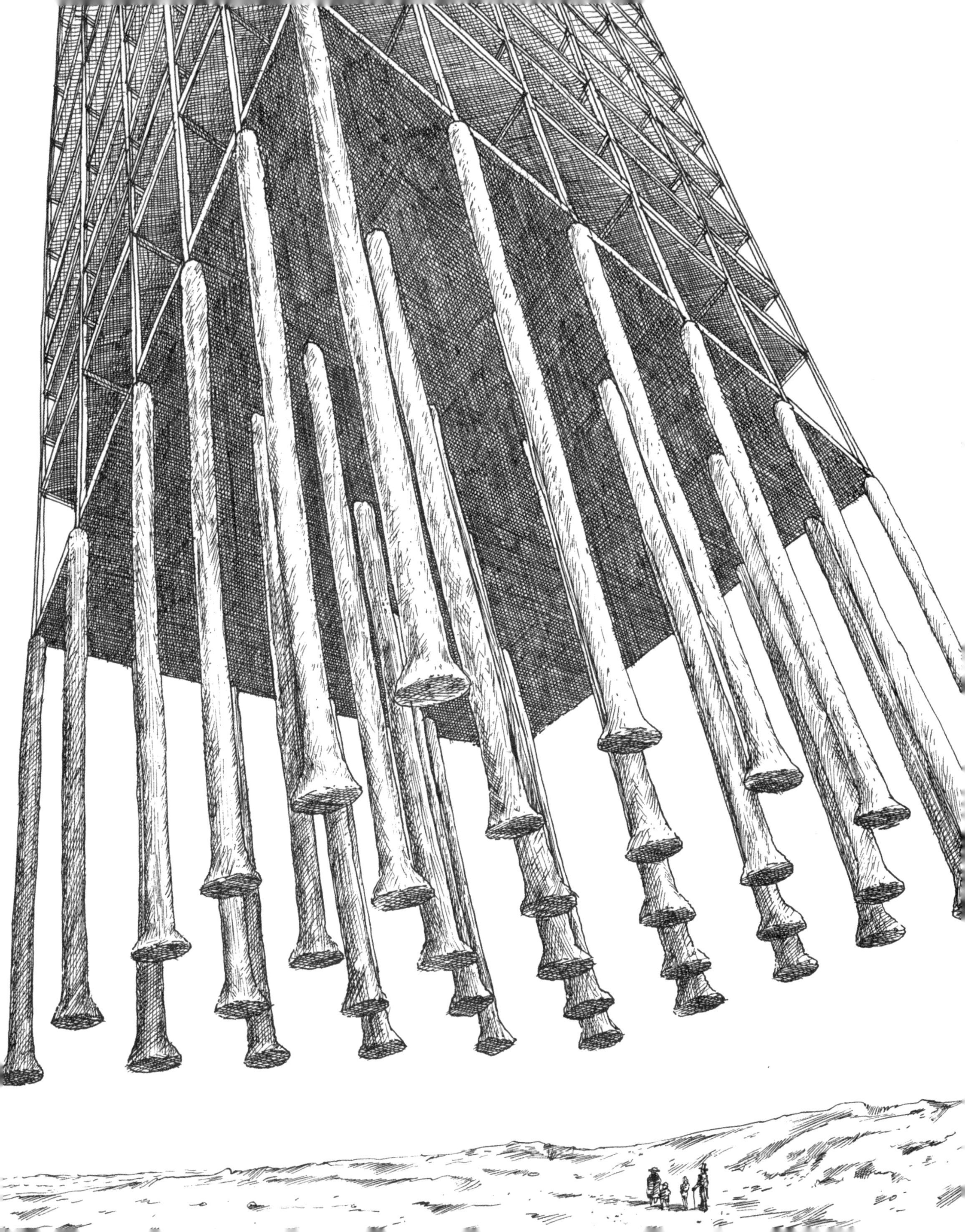

建筑物下方的空间包含着一套支撑其结构的系统，而街道与人行道下方的区域里还有一套满足居民生活需求的重要体系。其中最基本的是公用设施，包括供水、排水排污、电力、蒸汽、天然气和电信系统等。

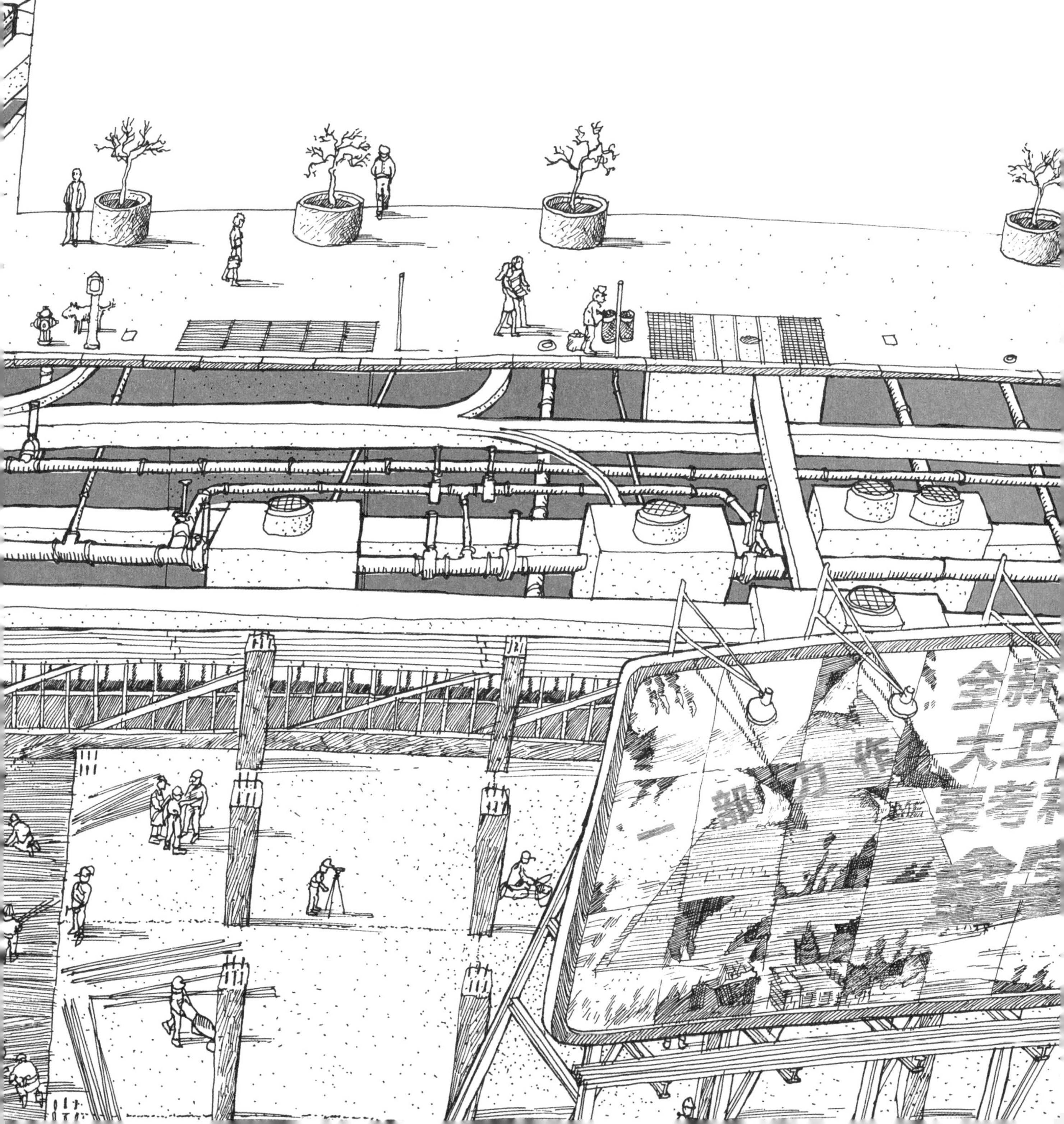

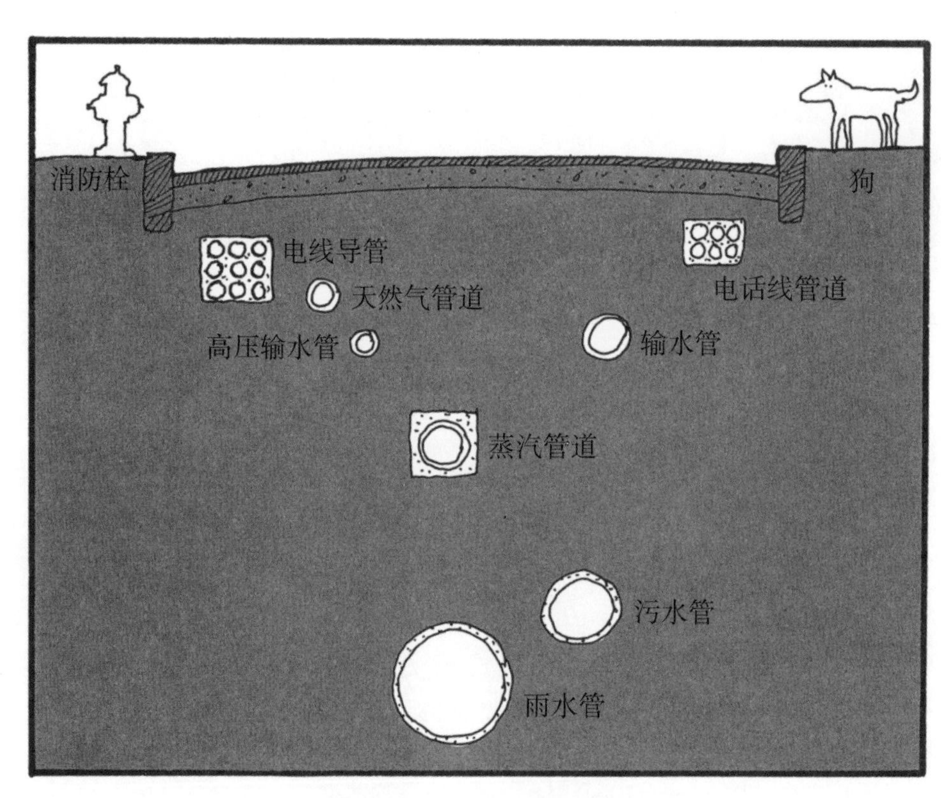

理想的公共设施布局

在为新街道设计布局时，会给每一项公共设施分配特定的位置。污水管和雨水管一般设在街道中心的最下方，往上是蒸汽管道系统，由于蒸汽会产生高温，所以它至少要距地面 2 米。输水管和天然气管道应既靠近地面，又靠近街道两侧，而输电线缆和电话电缆在距地面仅半米多深的位置。

然而，很少有哪条街道能完全符合这一理想规划。在很长时间里，由于现有管网不断更新换代和扩大规模，地下系统大多杂乱扩张，新的管网通常只能是哪儿有空间就被塞到哪儿。

阀门
高压系统
检修井
总管道
正常压力系统
次干管
消防栓
支管
供水系统

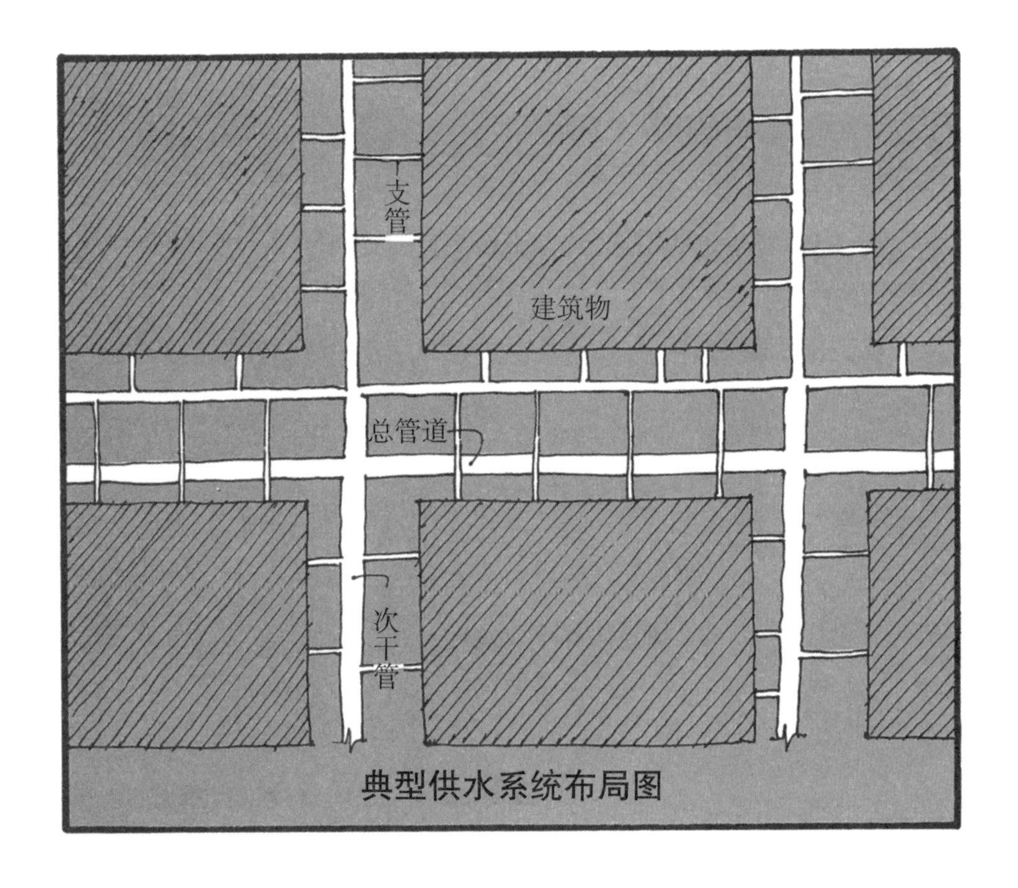

典型供水系统布局图

对任何一个城市来说，最重要的需求之一就是建造和维护一个良好的供水系统。水取自一定距离之外的水库，再通过位于地下几十到数百米的管道和隧道输入城市的蓄水罐中。为了保证水流不间断，就要按特定的坡度架设管道和隧道。如果有地方达不到所需的坡度，就必须用泵提升。由于城市管网系统过于庞大和复杂，不可能依靠重力让水流动。所以，为了确保水在整个城市均匀分布，就要用泵连续抽水来维持管道内的压力。大多数水处于低压状态，供区域内的一般工商业和居民使用。单独的高压管道则专为所有消防栓供水，以便随时提供大量用水。

街道下面最大的水管叫“总管道”，用混凝土、钢材或铸铁制成。总管道把来自中央泵站的水输送到城市预先确定好的区域内。较小些的管道名为“次干管”,与总管道相连,负责把水输往各条街道。“支管”是最小的管道,连接次干管,负责把水输送到每栋建筑物的管道系统中。

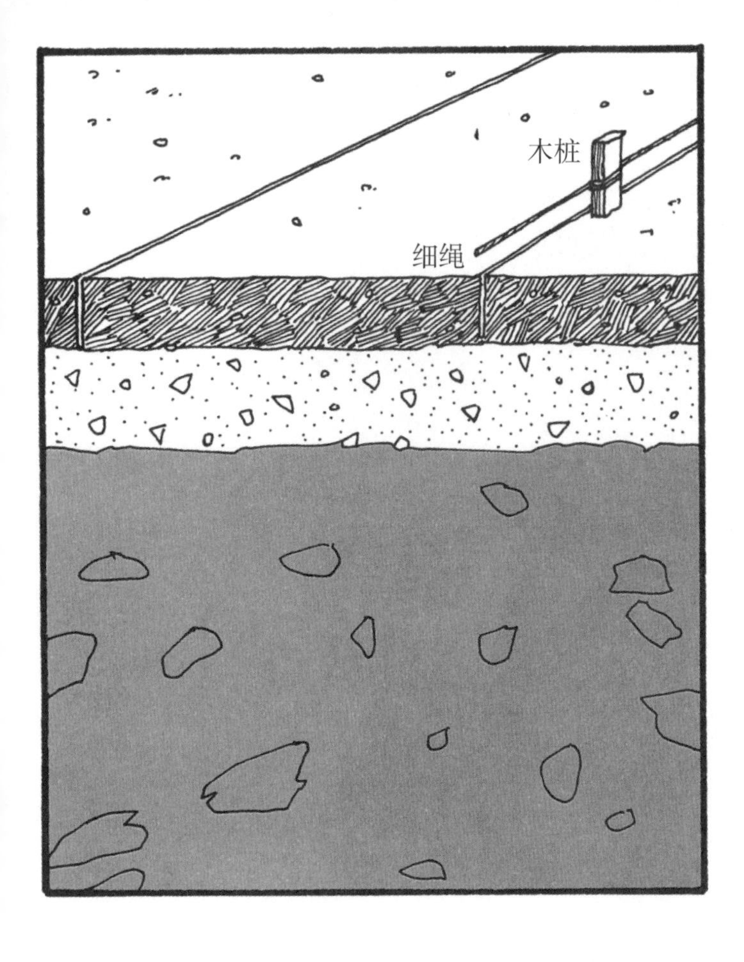
木桩
细绳

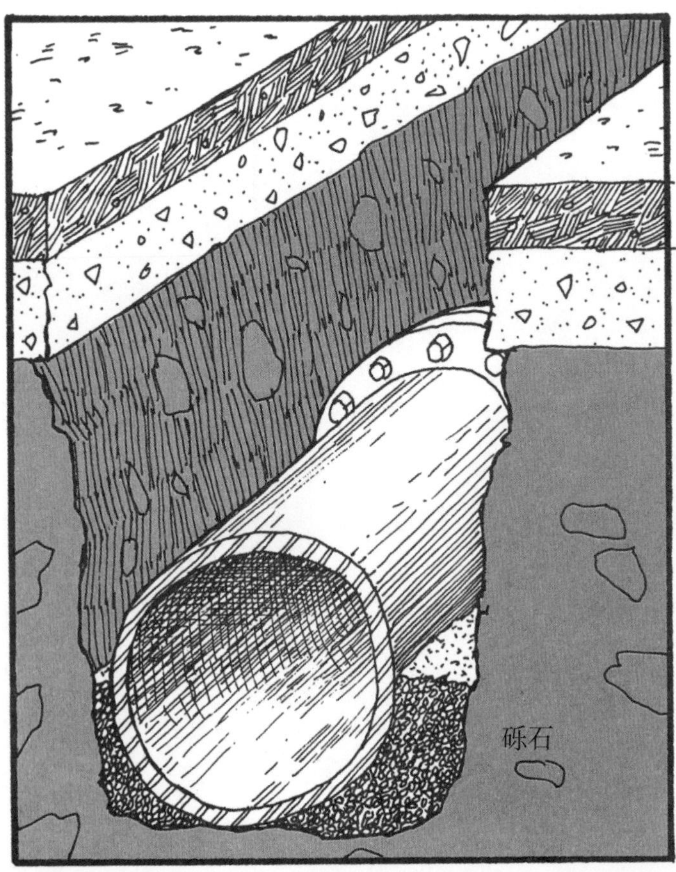
砾石

水管的位置一旦确定，就可以在路面上标出挖掘范围了。所有水管都应埋在冰冻线以下，也就是地下约 1.2 米处，因为这个深度以上的土壤很容易上冻。沟槽要尽可能窄，这样管道铺好后，所需的回填物就会比较少。回填物越多，越有可能出现过度沉降。

一段管道完成后要仔细测试。如果所有连接处都不漏水，就可以用砾石包住水管暴露在外的部分，再用泥土把剩余部分填实。所有管道都要尽可能笔直地铺设，以减小水从急转弯处流过时增加的摩擦力。

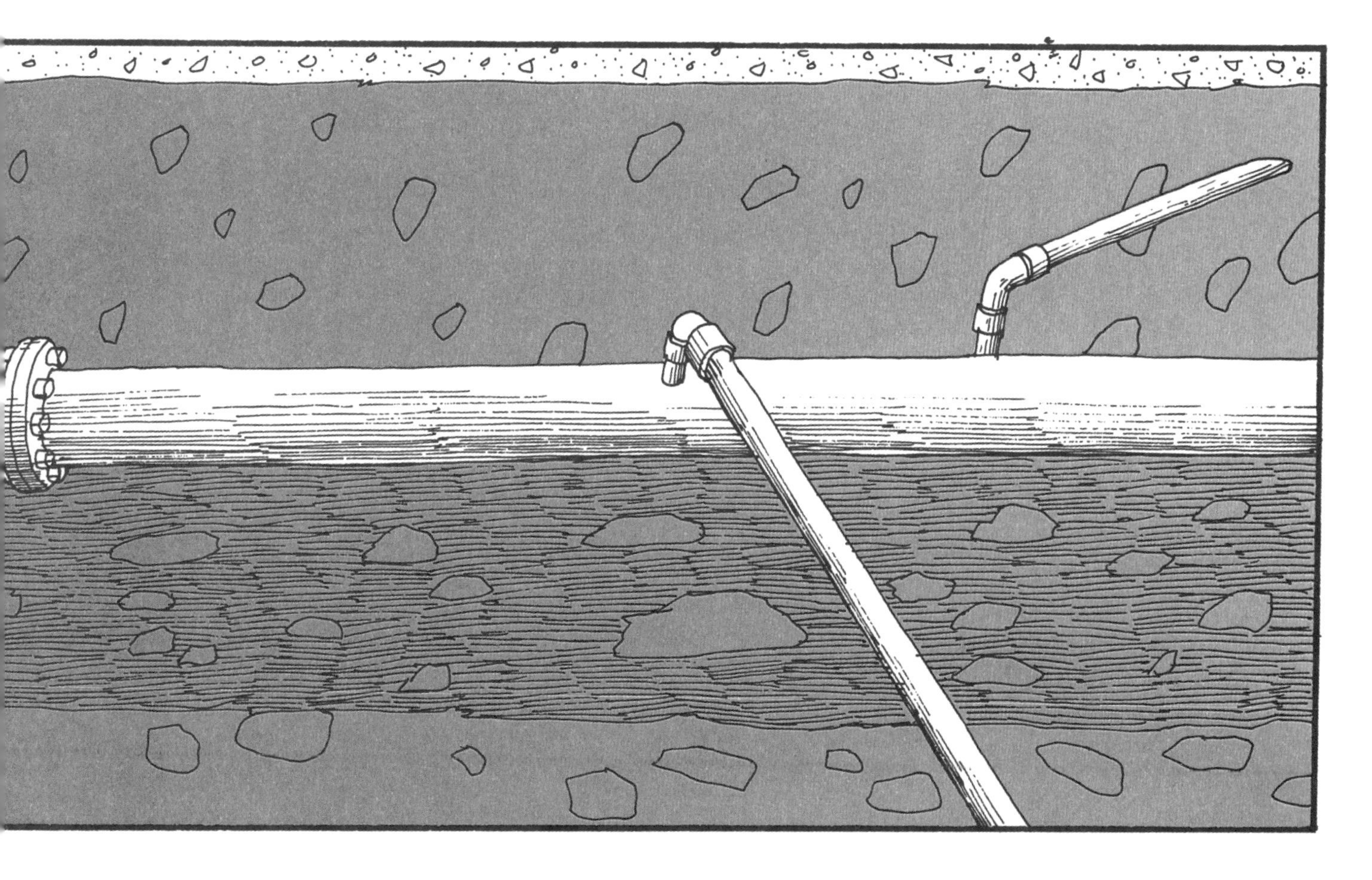

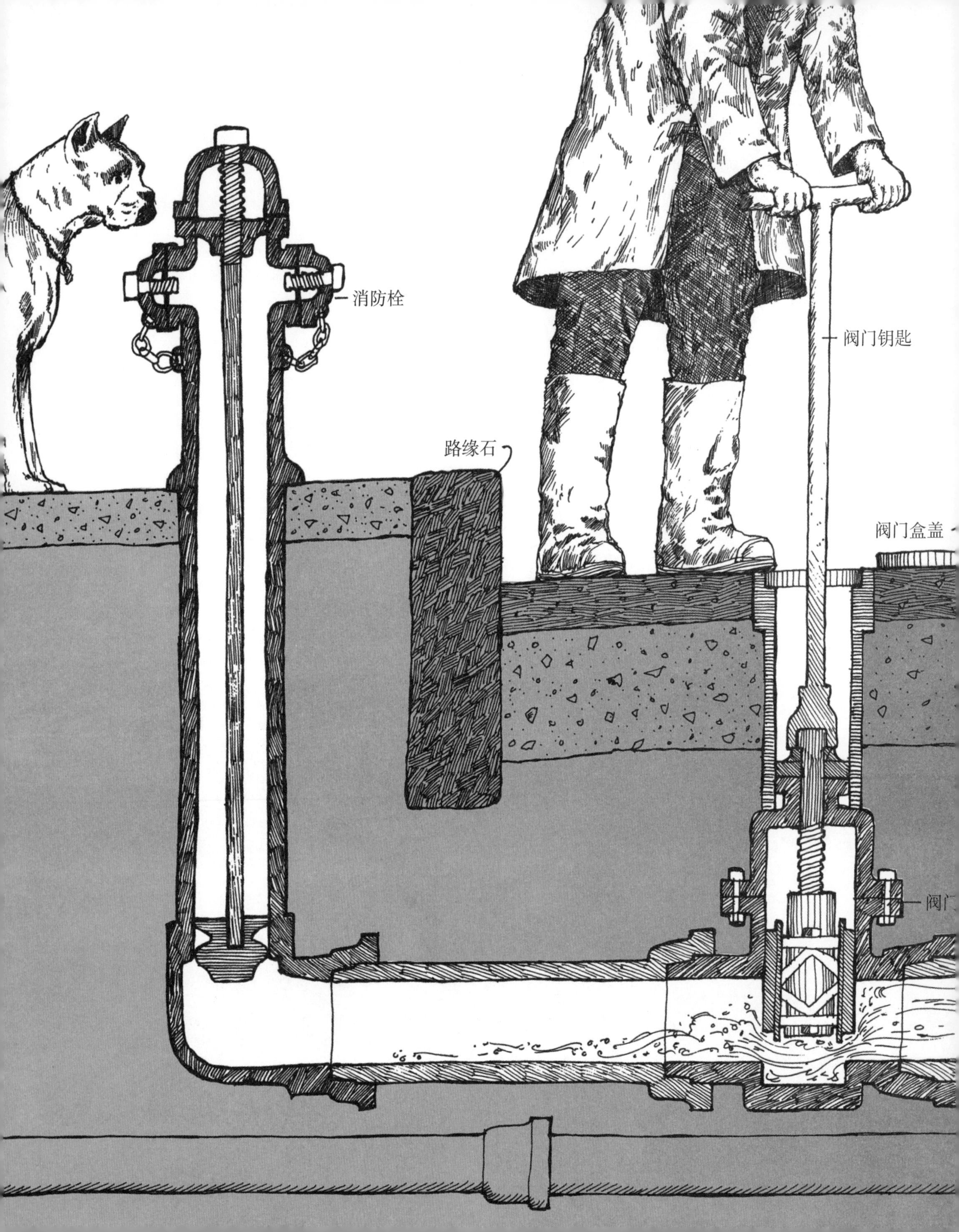
消防栓
阀门钥匙
路缘石
阀门盒盖
阀

管道内安装的金属门名为“阀门”，作用是可以在不关闭整个管道系统的情况下专门关闭并维修其中的一段。在笔直的管道中，大约每 250 米左右就设置一个阀门。当有三条或更多水管交叉时，每条管道都设一个阀门。所有次干管和建筑物之间的支管上也都有阀门。每个阀门的顶部都有一个螺帽，螺帽上方就是直通街道或人行道的一个小开口，用一个方形或圆形铸铁的小盖子封住，人们叫它“阀门盒”。想要开关阀门时，用一个名为“阀门钥匙”的长柄扳手转动螺帽即可。还有一些阀门叫作“空气阀”，设在管线上较高的位置，它能在不放水的情况下释放出滞留的空气。

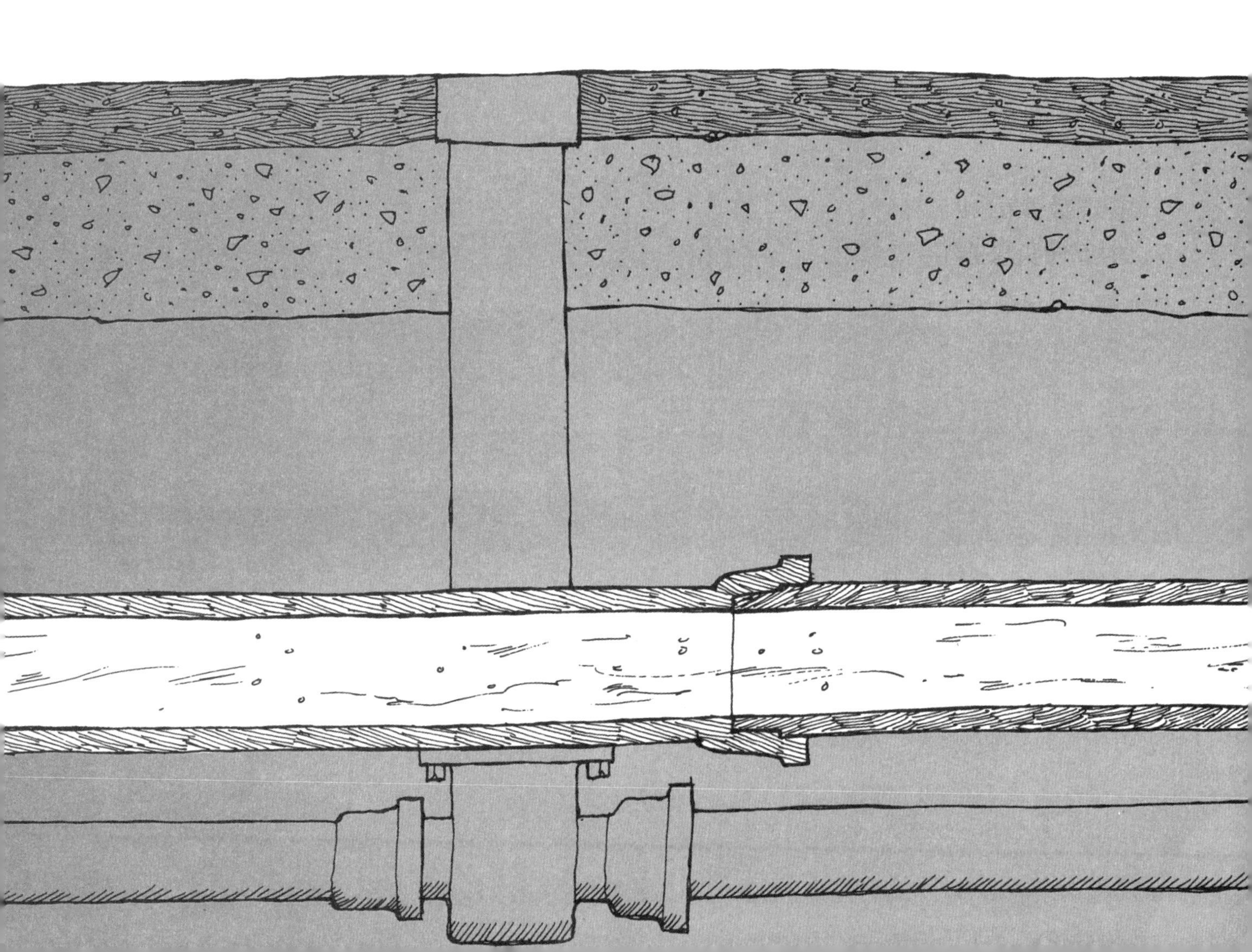

如果阀门很大，通常把它放在一个小空间里，名为“检修井”。检修井顶端有个圆形口，供人进出。入口处盖着一个铸铁盖子，那就是我们经常见到的街道上的“井盖儿”了。供水或排水系统中使用的检修井一般约 3 米深，是上窄下宽的锥形井，井壁从混凝土底板开始往上，由弧形的混凝土砌块或砖块层层垒成。井盖儿架设在一个铸铁环中，名为“井圈”。铸铁环置于最后一层砖石上，与街道表面齐平。

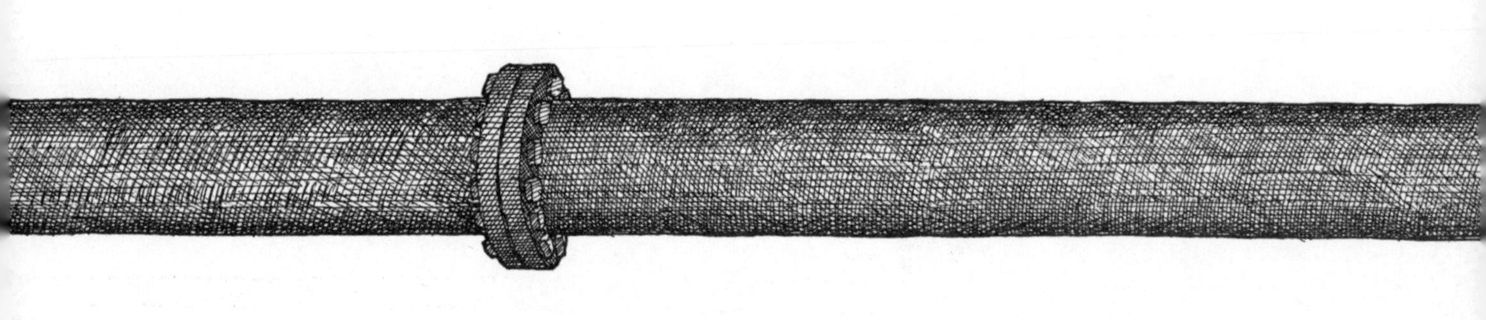

污水管道系统

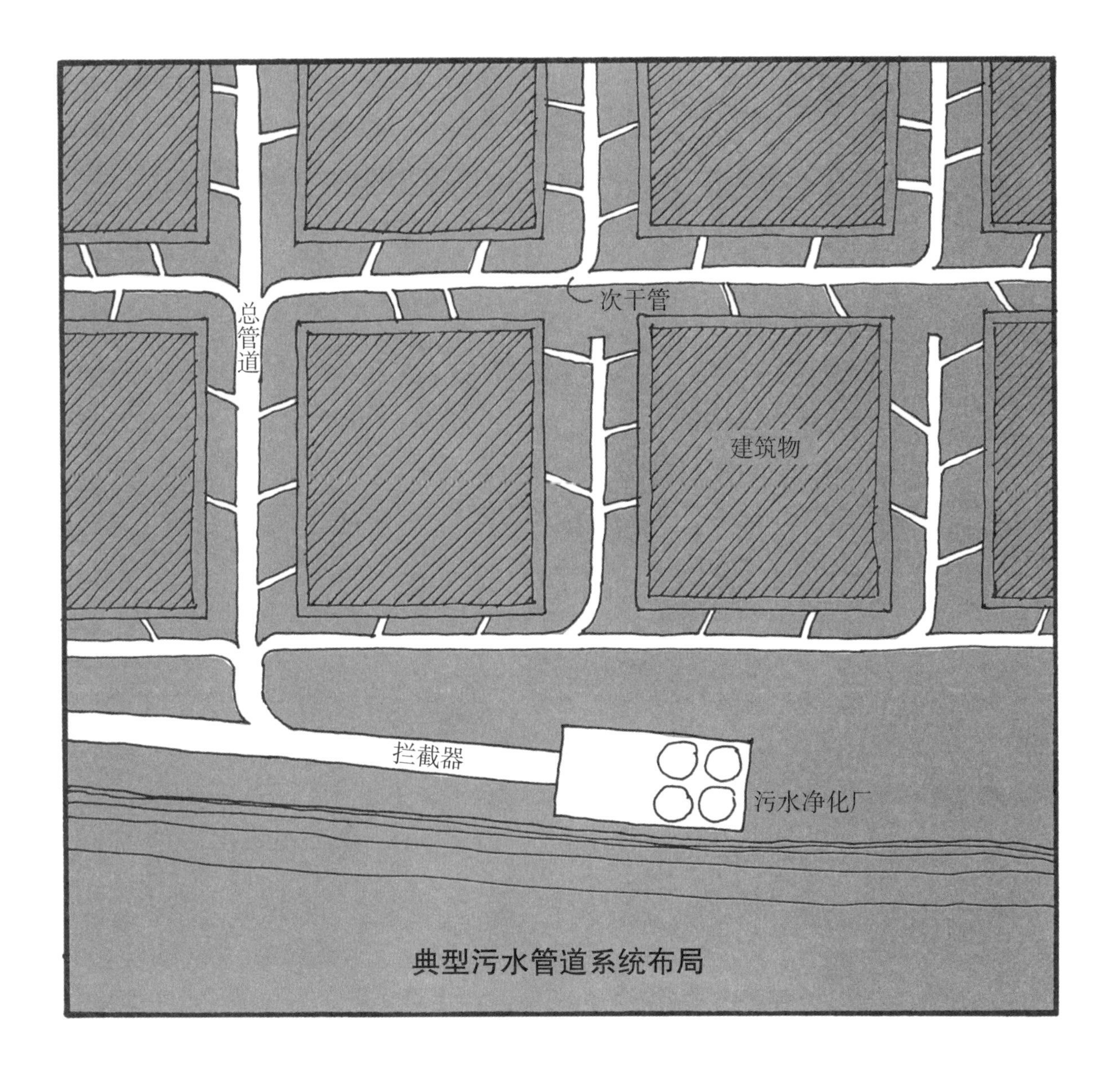

典型污水管道系统布局

既然有供水管道系统，就肯定有另一个系统要把污水和废弃物排走，这就是污水管道系统，也就是我们常说的下水道。

几栋建筑物通过各自的管道把污水输送到一个横向排水管中。几条横向排水管连接一条次干管，几条次干管连接一条总管道，几条总管道连着一个有拦截器的管道，这也是排污系统中最大的管道。然后，污水沿着这些管道进入污水净化厂。

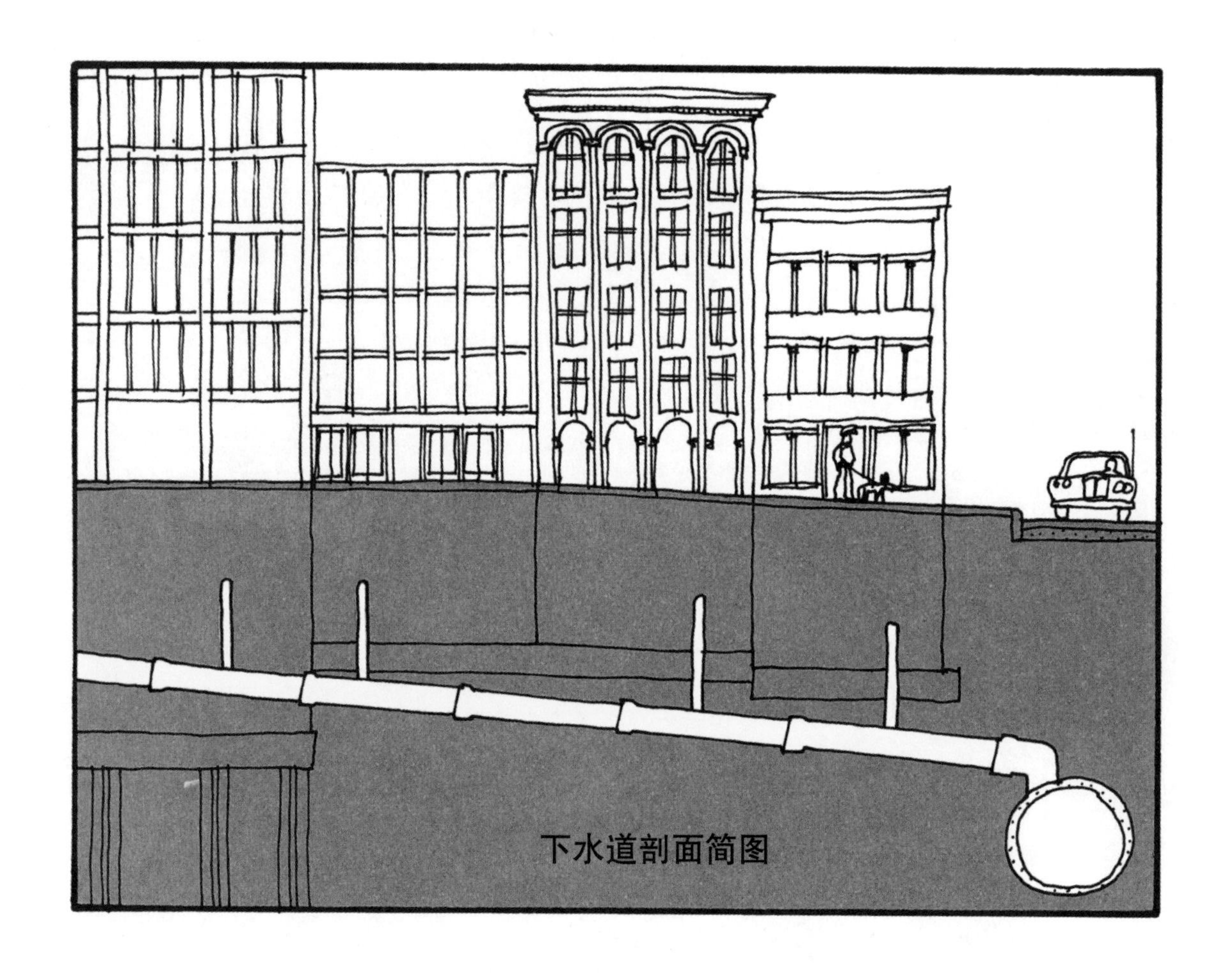

和供水管道系统不同，污水管道系统几乎完全依靠重力排掉污水。因此，必须提前绘制每条街道的污水管分布剖面图，确保管线坡度和方向是正确的。污水管通常安装在地下 3 米或更深处，一般在供水管下方。这样能避免污水管渗漏时污染供水管。

污水管有多种尺寸。直径不到 80 厘米的污水管一般由陶土制成，较大的污水管则由混凝土制成。使用陶土是因为它对污水污物的化学反应有良好的抵抗能力。无论使用什么材料，每截管道都是一端稍宽，另一端稍窄，一截管道的窄端嵌入另一截管道较宽的一端，沿管道线路连接下去。不过，陶土管道不如混凝土管道结实，所以要用混凝土底座来支撑。一段管道安装完毕后，还要进行仔细的检查和测试，最后才能回填沟槽。

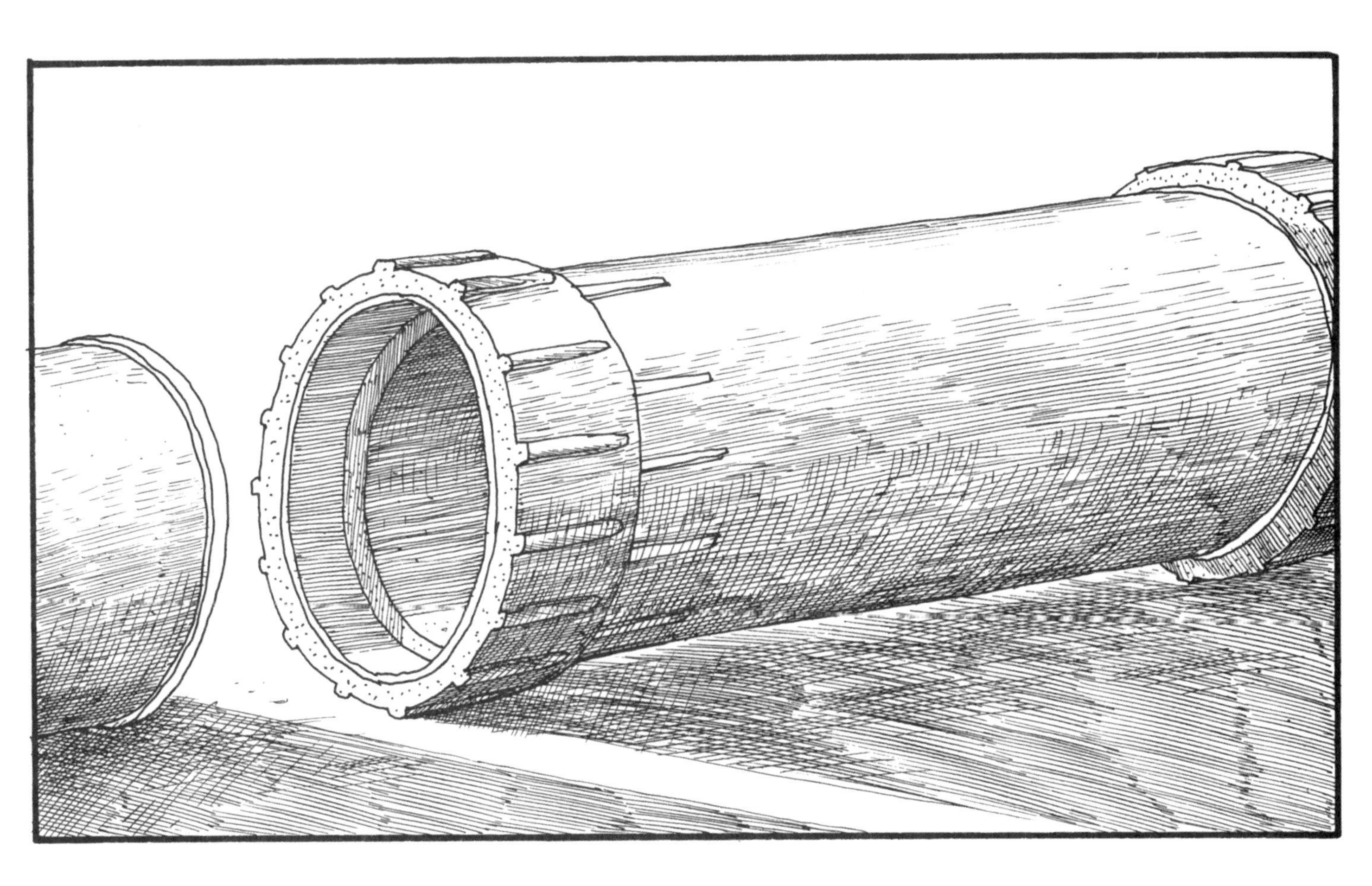

如果排水管道系统中出现较大的方向变化或坡度变化，就会建造检修井，供管道清洁使用。当两条次干管中的污水流入同一条总管道时，在这三条管道的交汇处就会修建一个检修井，方便人们清洁或维护管道。检修井底部拐弯的弧形水渠会以极小的摩擦力将污水从一条管道引入下一条管道中。

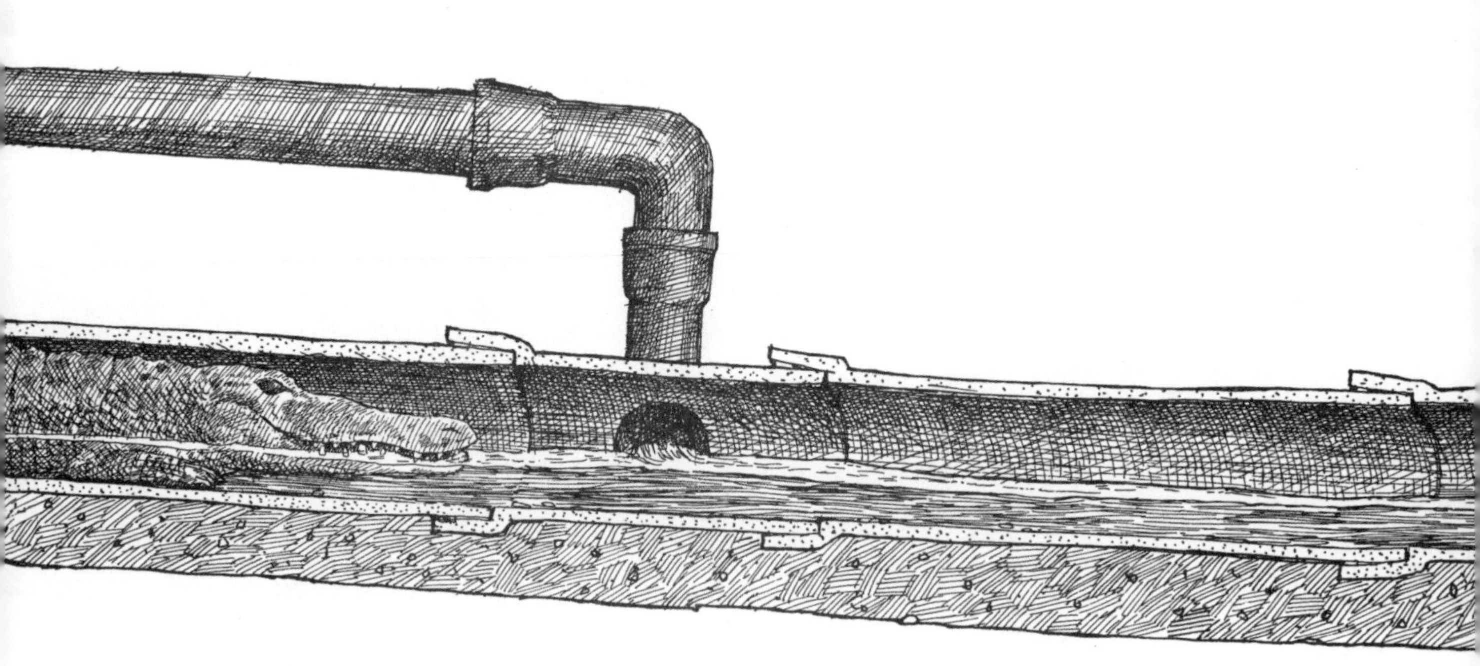

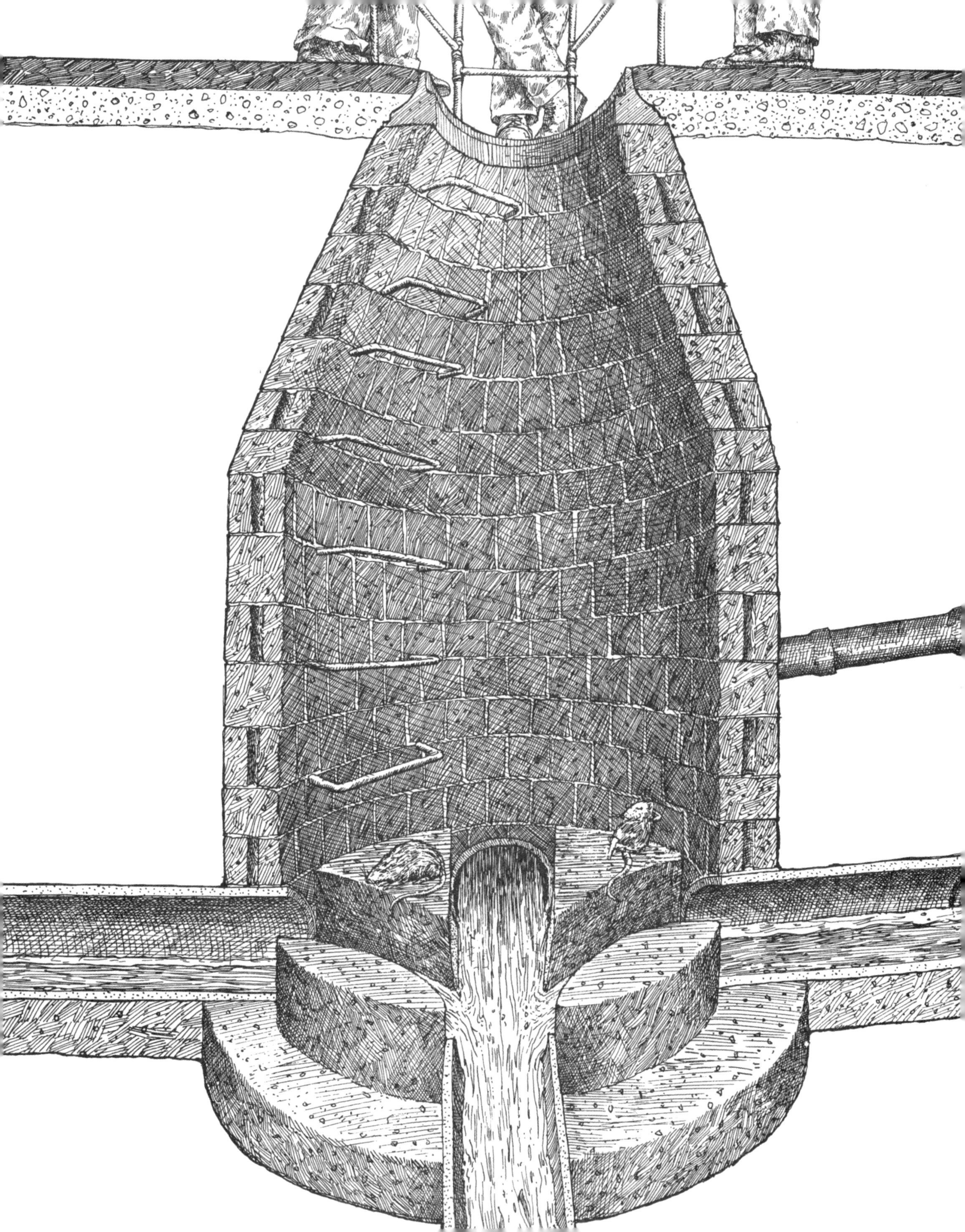

雨水排水管道系统

还有一套管道系统，有时候会和污水管道系统合并到一起，那就是雨水管道。雨水管道负责排走短时间内大量积聚的雨水和融化的雪水，否则地下室、检修井和地铁就会被淹。雨水管道一般比排污管道粗约十倍，且位于其他公共设施之下。许多旧式雨水沟是砖制的，现在的雨水管道则由混凝土建造。水通过雨水口、滤污器或这二者结合在一起的入口，流进雨水管道。

雨水口一般是街道或马路牙旁边的一个洞，洞口盖有铸铁格栅盖板。街道或场地需要仔细修出一定的坡度，下雨时才能引导雨水流进雨水口，进入雨水管道系统。滤污器是一个位于地下的矩形储罐，只有罐内的水达到一定高度时

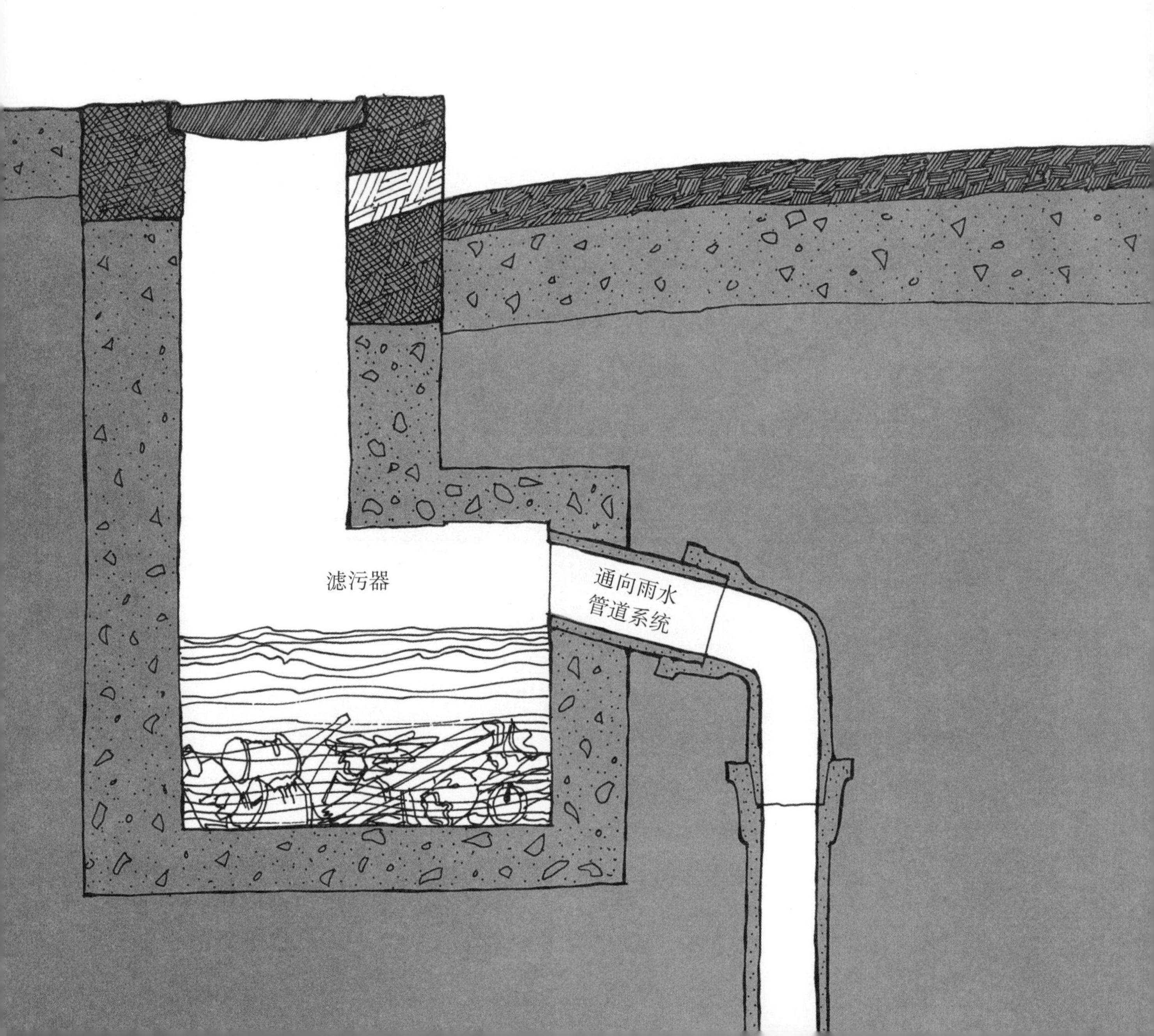

才会进入雨水管。在这段时间里，所有可能阻塞管道的东西会沉入罐底。滤污器上方有个圆形口，供定期清理污物使用，开口处由类似井盖儿的圆盘覆盖着。

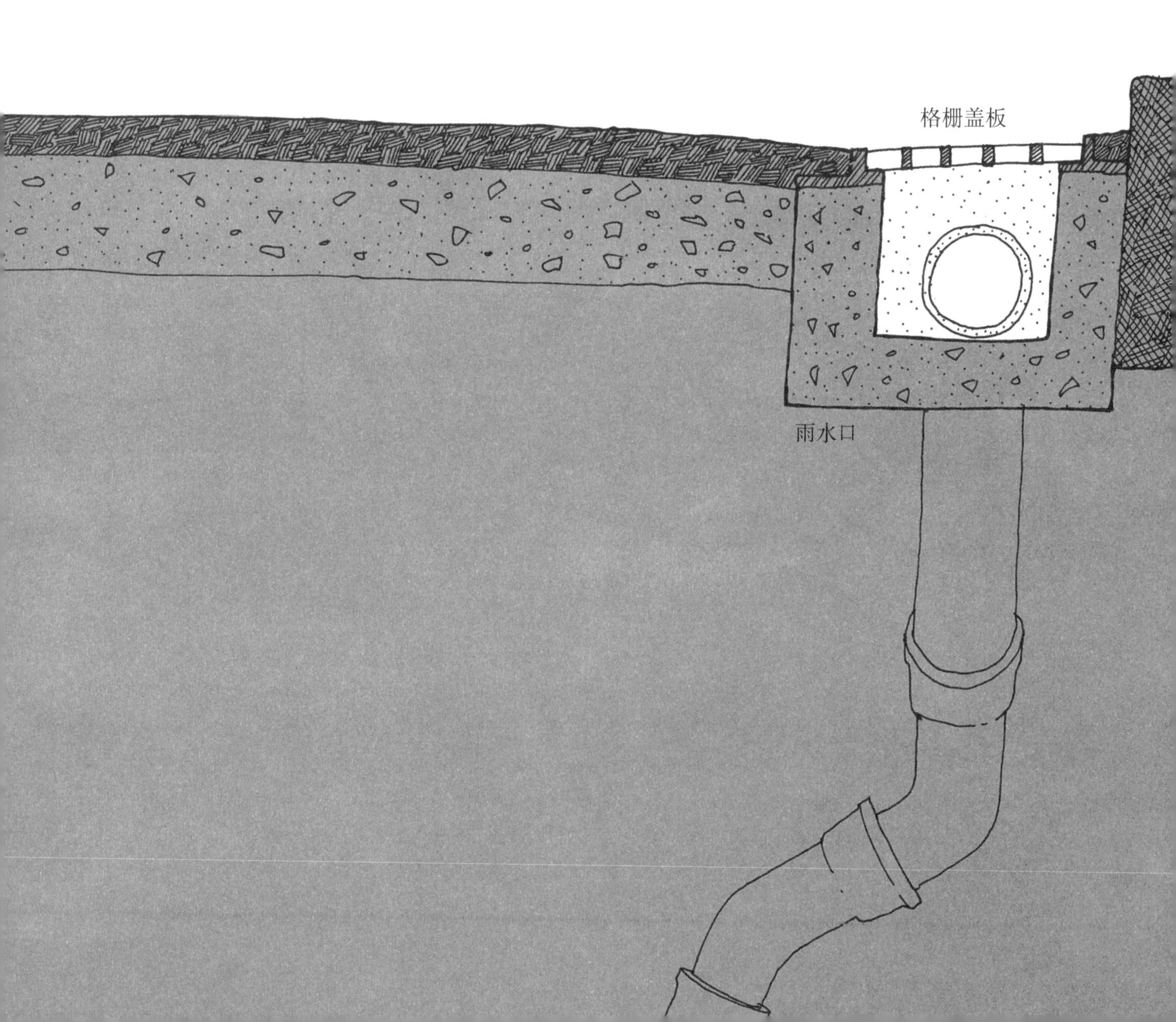

变压器室
路灯
管道
检修井
旧式砖结构检修井，里
面的水排到污水管道
电力系统

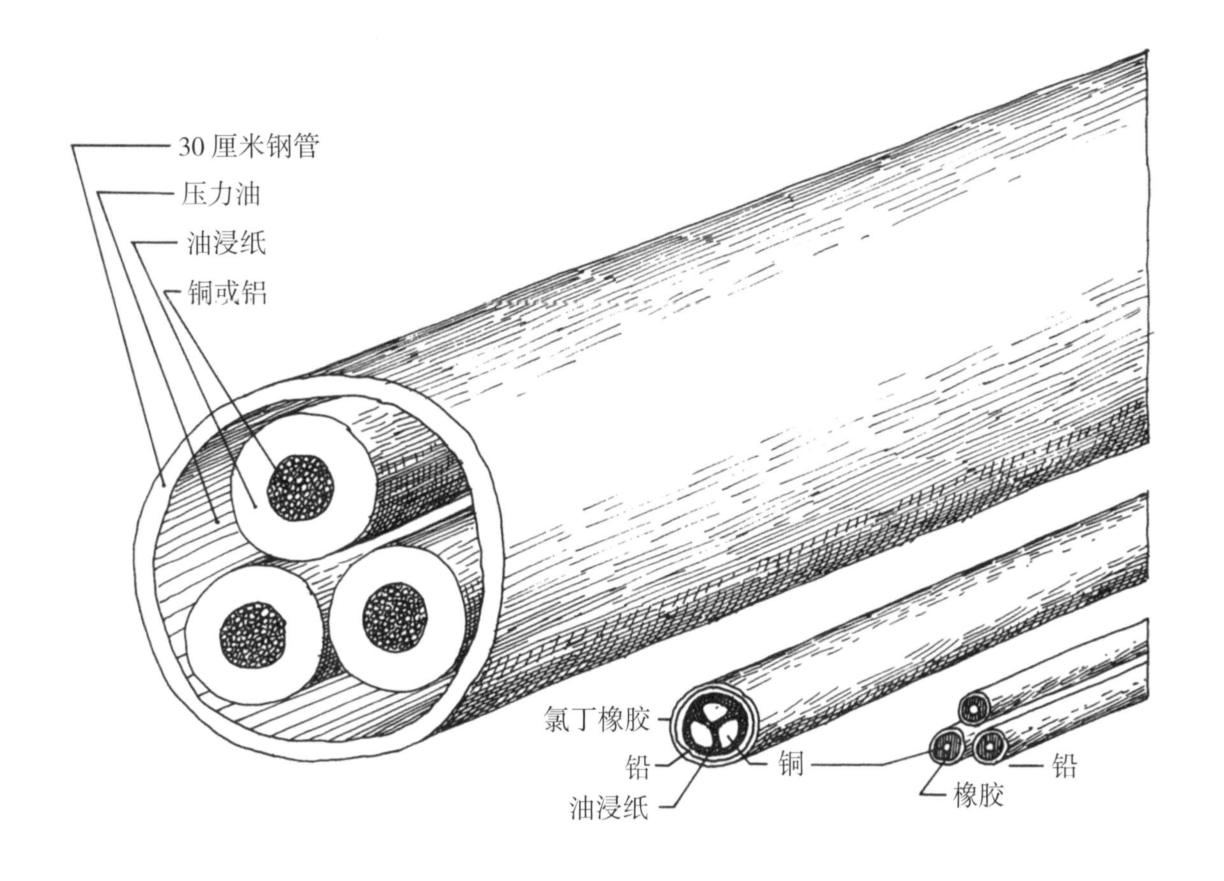

电是从大型发电厂输出的，通过封闭在压力钢管内的重型电缆传送到城市不同区域的变电站中。高压电的电压在变电站中被降低，以便满足各个区域的用电需要。从变电站输出的电通过较细的电缆输送到其他变压器上，电压再次降低，从而满足每栋建筑的需求。这些变压器位于地下，所用空间一般比电缆检修井大，叫作“变压器室”。变电站、电缆检修井和它们之间的输电线路都设在地下。由于电缆是从一个检修井到另一个检修井的，因此一般最长在 60 米处截断。在每个检修井中，一段电缆的末端与另一段电缆的开端紧紧相连。

一般而言，每根电缆的直径大约为 6 厘米，包含三股独立的铜线。电缆从外到里，先是包裹了一层油浸纸，接着是一层铅，最后用类似橡胶的物质制成套子封住，这种物质叫“氯丁橡胶”。每根电缆都在名为“导管”的保护管中。一般多根导管同时铺设，组成一个矩形集群，叫作“电缆排管”，导管四周用混

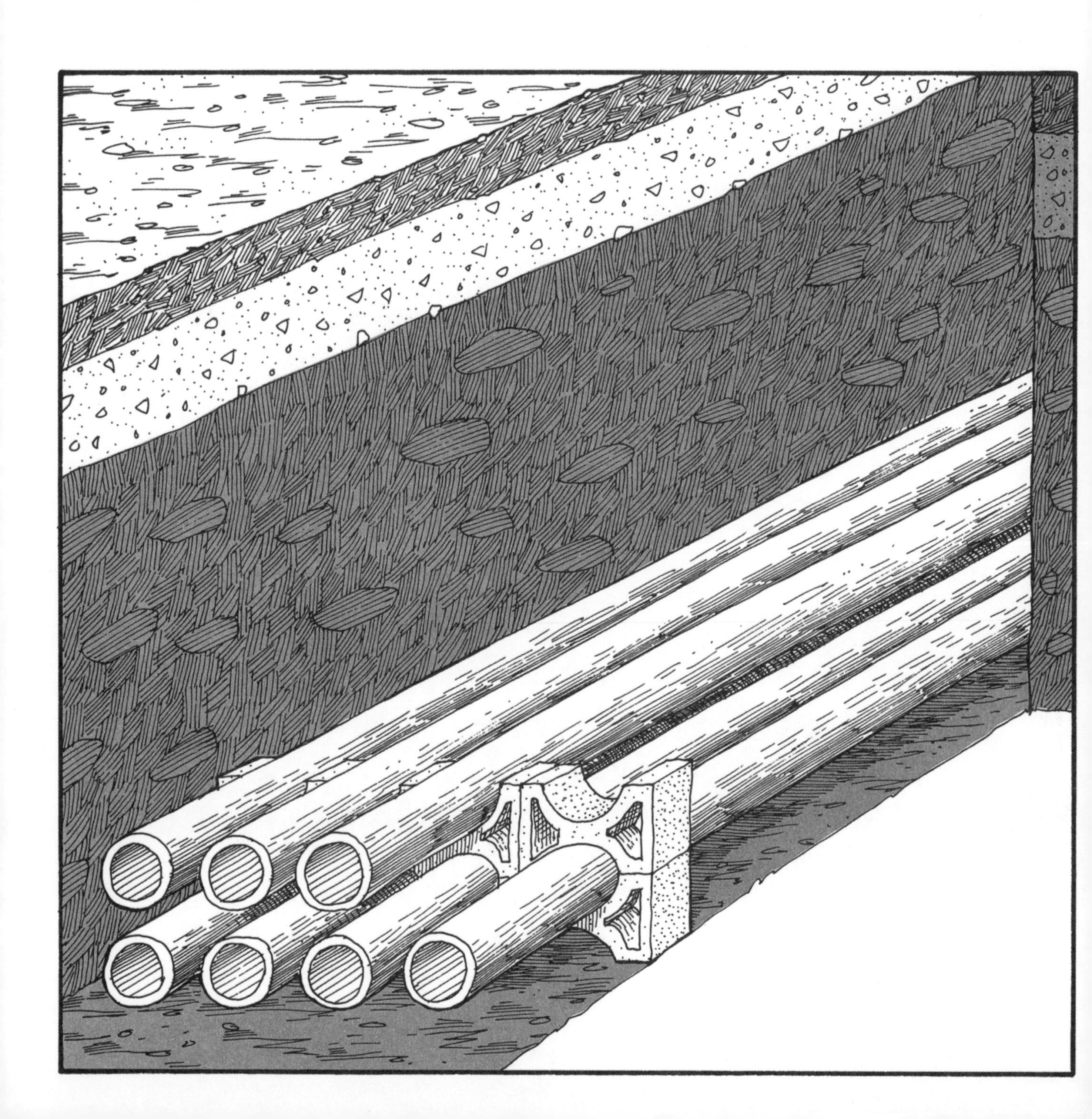

凝土覆盖。为了更好地保护电缆，电缆排管与路面之间还要有至少 60 厘米厚的覆盖物。导管埋在沟槽中，一排一排地铺设。最下面一排比土壤高出 10 厘米左右，每排之间相隔约 5 厘米，所有导管都被支撑起来，确保混凝土能包裹住每一根导管。

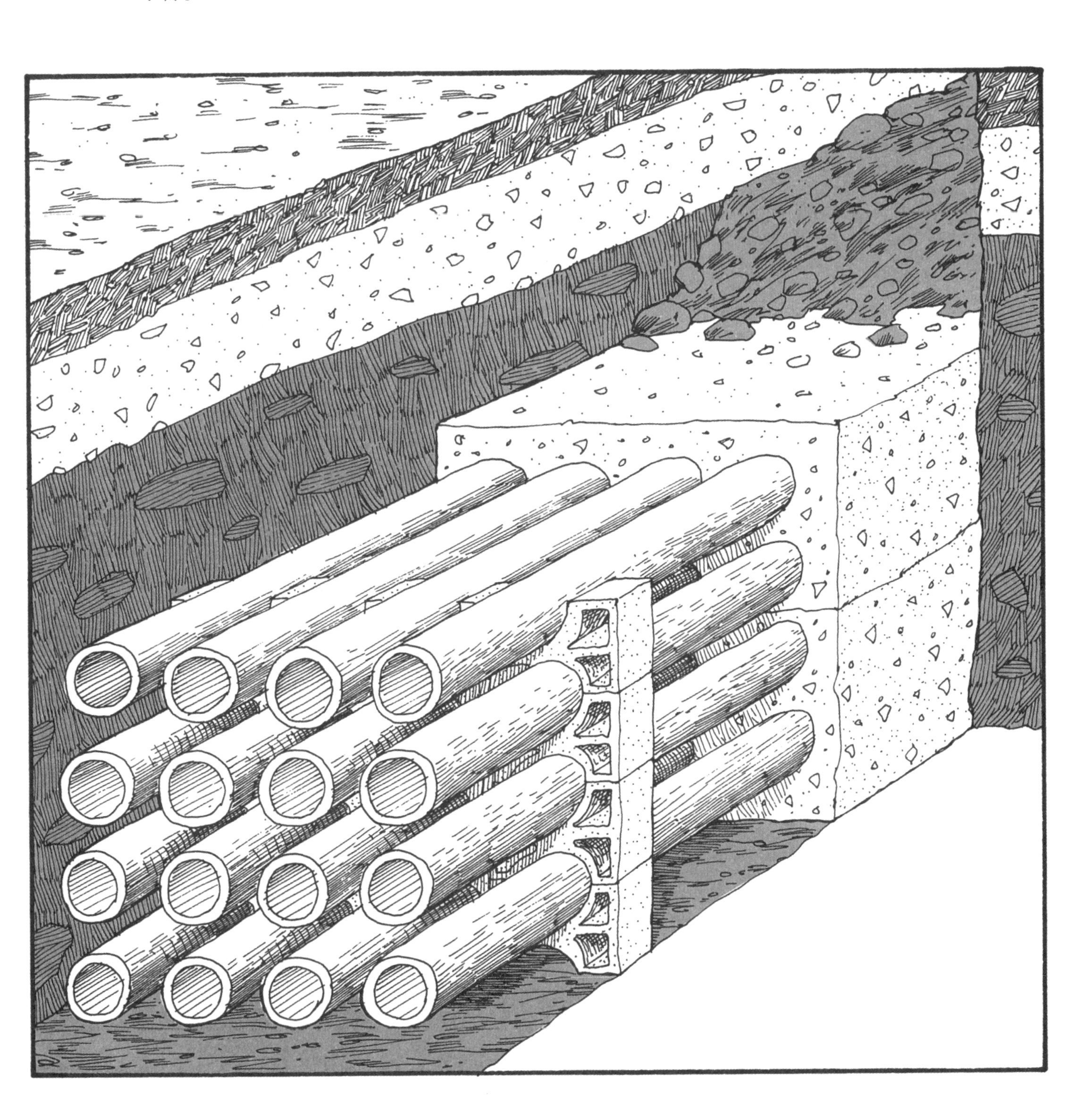

电缆排管的两端都通向检修井。普通的电缆检修井一般是矩形的，大约 4 米长，1.5 米宽，2 米深，由钢筋混凝土制成。它们有的在工地搭建模板后浇筑成型，有的则预制好成品，再运来放入坑中。检修井的井底都是逐渐向一个名为“集水坑”的小凹槽倾斜下去。当有水流入集水坑中时，方便抽出。电缆检修井的入口是一个混凝土围合构件，叫作“井颈”，上面盖着铸铁井圈和井盖儿。

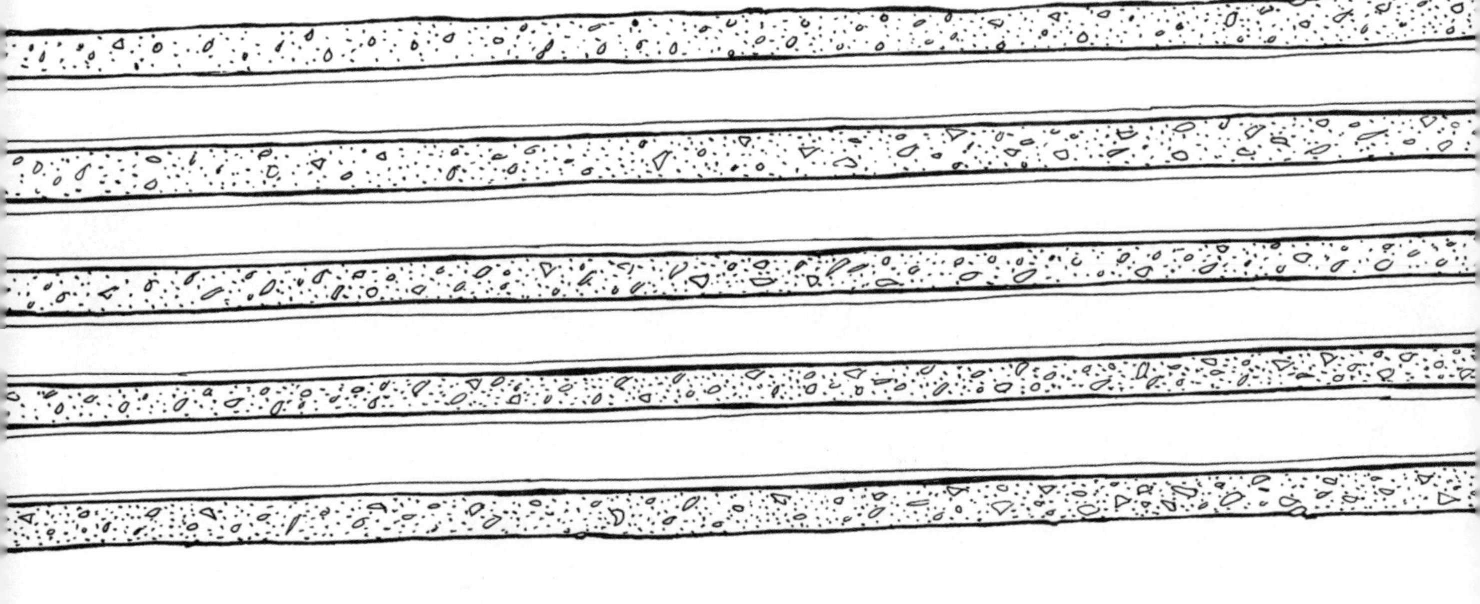

当所有检修井、变压器室、路灯，以及连接它们的导管都已施工完毕，再把土壤压实，并铺设完新的路面以后，就可以拉设电缆了。在第一个检修井中（右），将一条尼龙绳或钢索通过气压射入或推入导管，钢索的另一端固定在停在检修井上方的大功率绞车上，通过机械化缠绕钢索，使钢索穿过导管，伸入第二个检修井（左）中，井中的电缆就和钢索末端相连了。

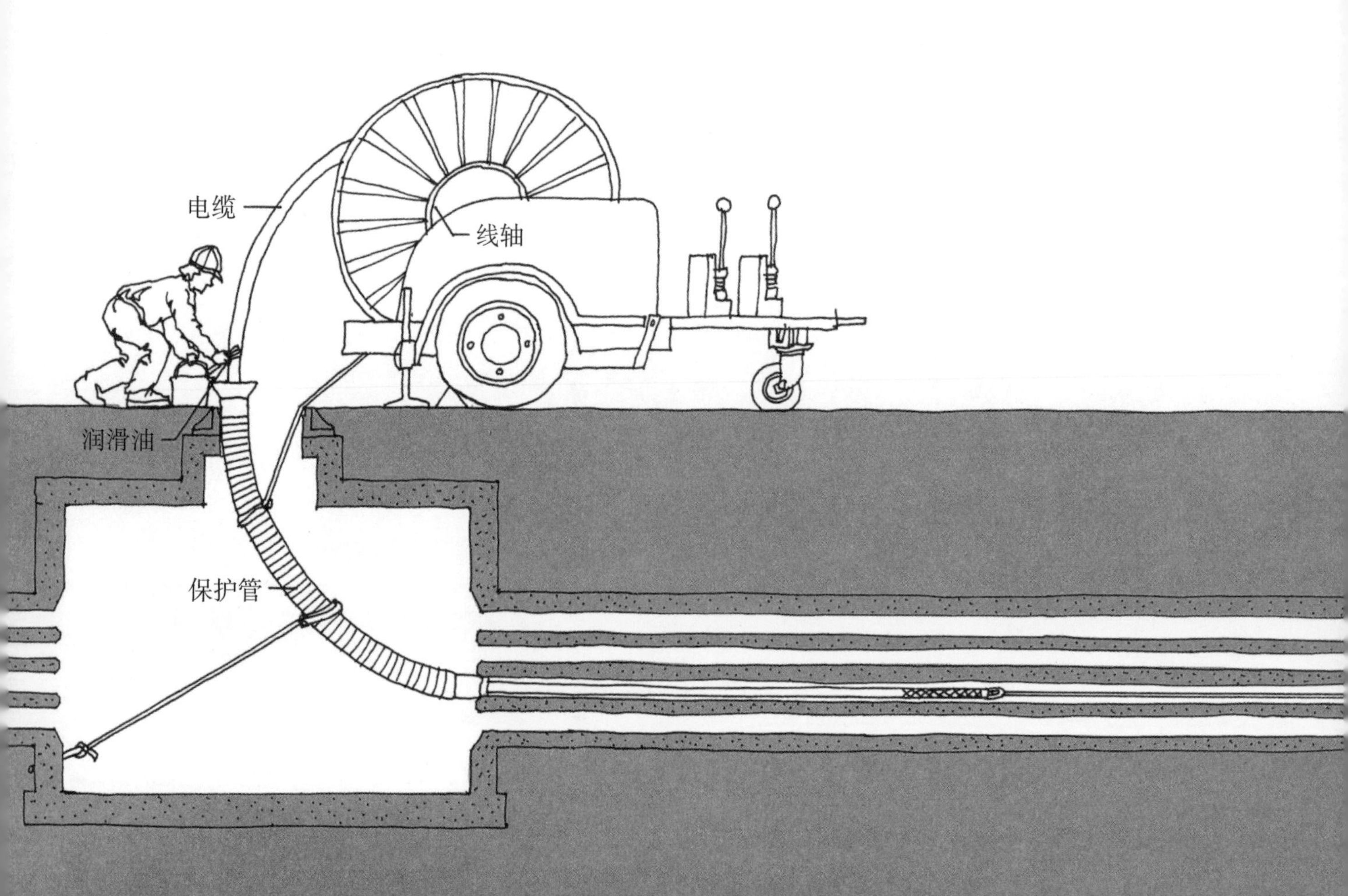

缠绕在大型线轴上的电缆将通过一条起保护作用的软管送入检修井，并固定在钢索末端。两个检修井里的保护管和钢索都要以同样的方式固定，确保尽可能笔直地拉动电缆，减少摩擦力。将电缆送入保护管时要涂润滑油。绞车转动，拉动钢索和电缆穿过导管时要不断检查压力，以免电缆的包裹物过度拉伸或损坏。

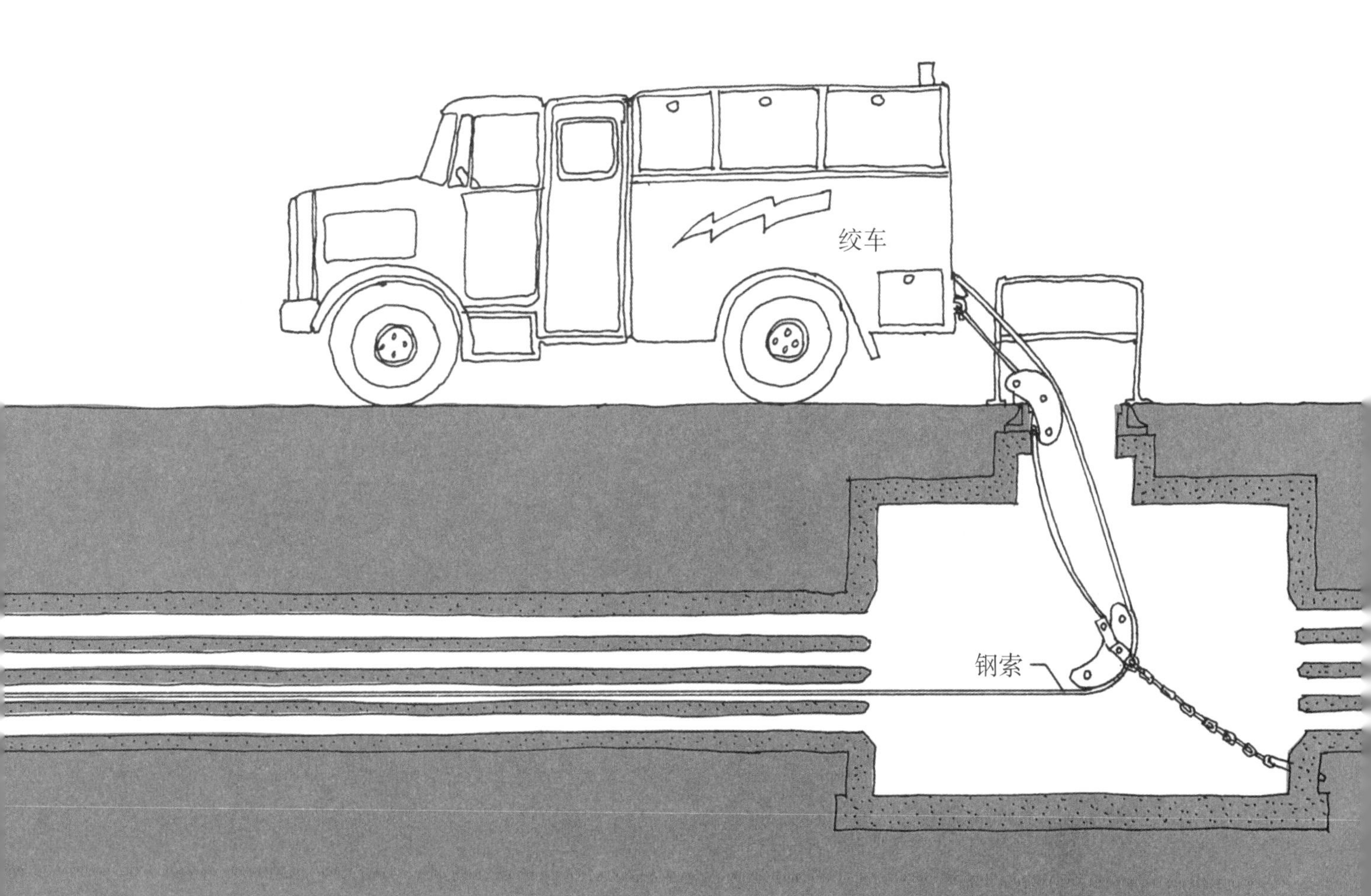

接合处要用胶带缠绕，然后包一层铅套。密封完成后，要往铅套里打气，这样能够确认是否有裂缝。

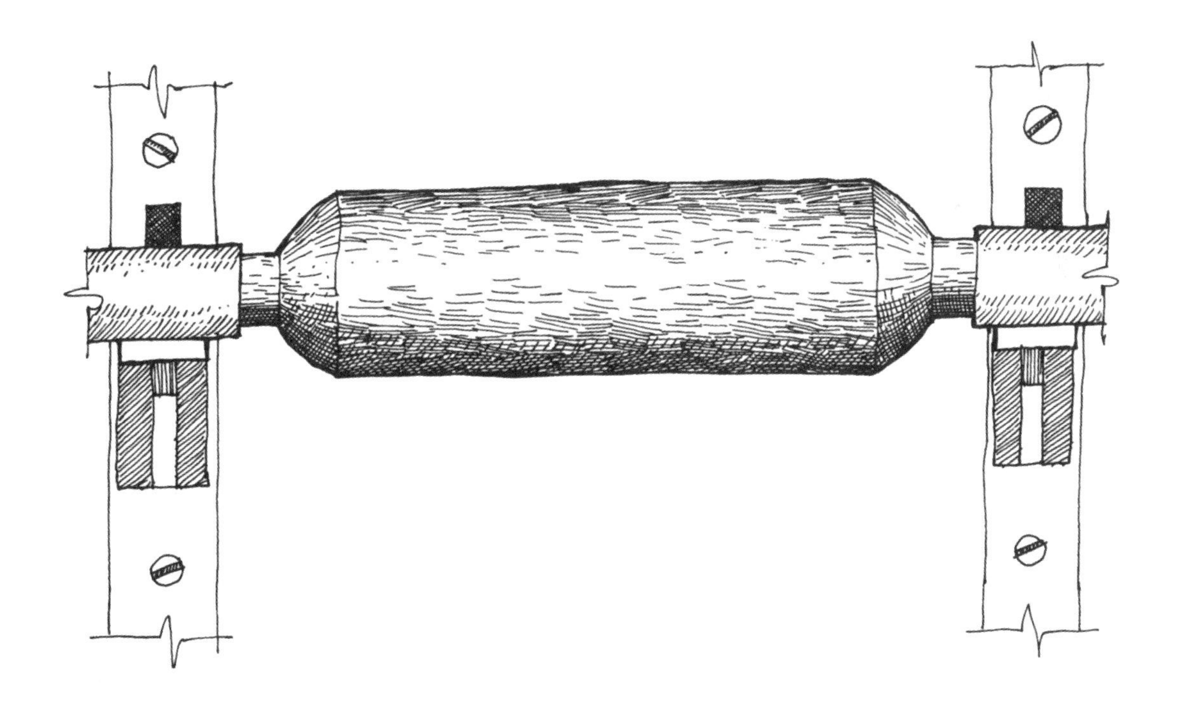

在检修井中，电缆都搭在井壁上突出的金属支架上。当两股电缆相接时，接合处要用胶带缠绕，然后包一层铅套。密封完成后，要往铅套里打气，这样能够确认是否有裂缝。

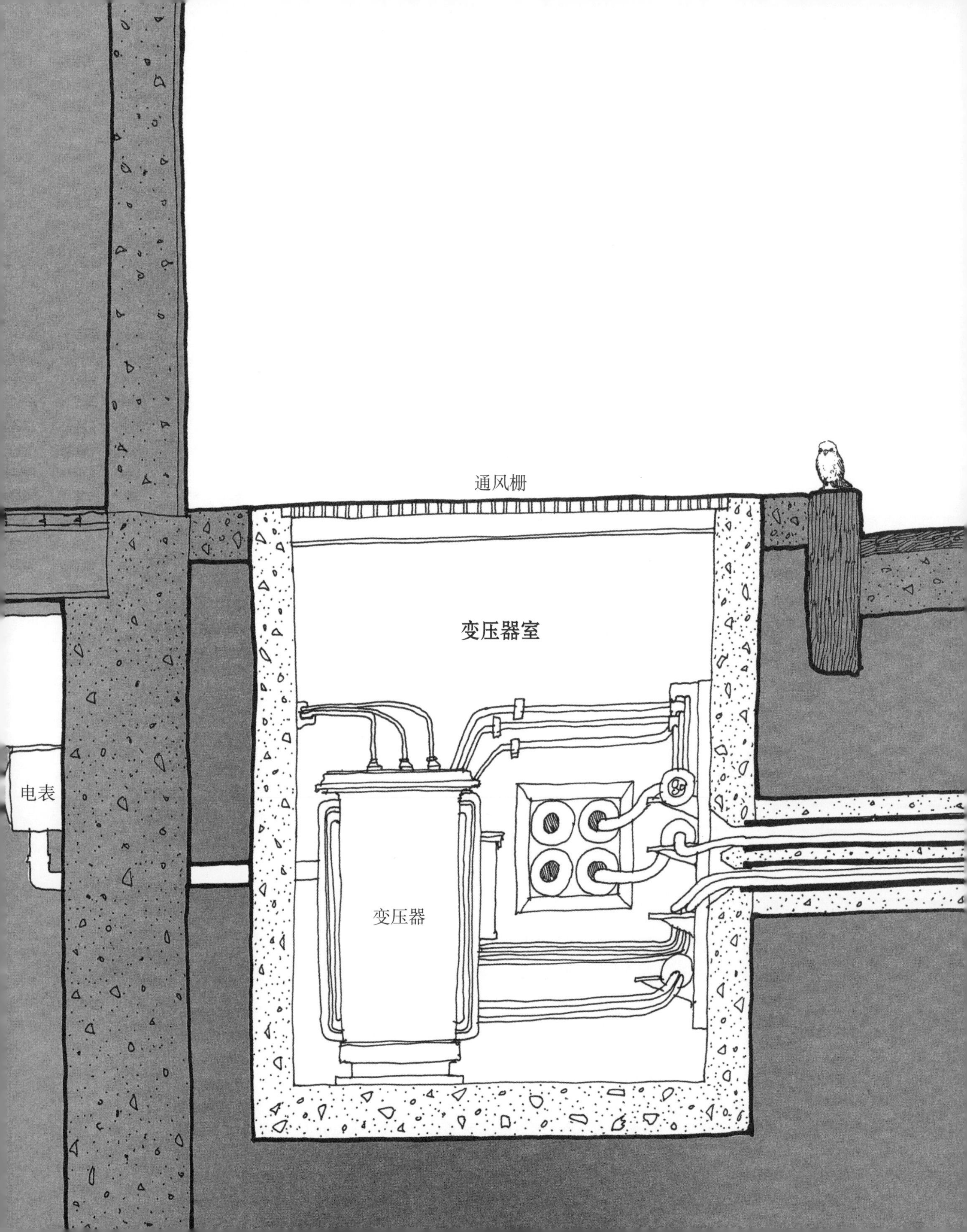
通风栅
变压器室
电表
变压器

除了电缆，检修井里还能容纳一个小型变压器。如果一栋建筑物的用电量特别大，就需要在这栋建筑前面、一般是人行道下方的地下室里安装一个专供这栋建筑使用的变压器。地下室的一部分覆盖着钢格栅，方便变压器散热。所有电缆进入建筑时都要经过电表，以便测量和记录用电量。

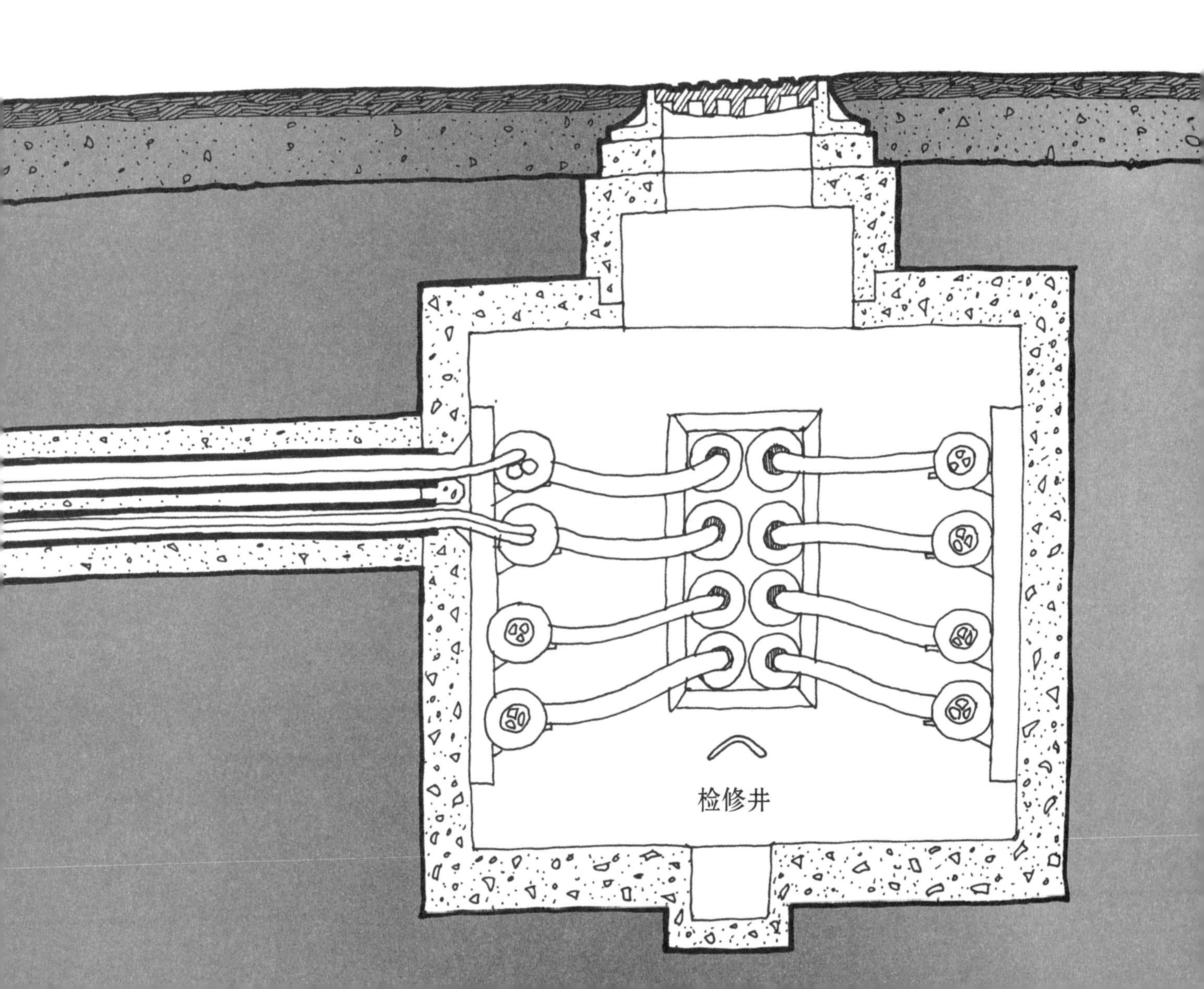

蒸汽配送系统

电力公司除了供电，通常还供应蒸汽。最早通过管道供给城市的蒸汽只是发电机的副产品，因此它们都来自主电站。而现今，许多城市的发电厂专门制造蒸汽*。蒸汽加压后输入总管道、次干管和支管。总管道和次干管都是厚达5厘米的焊接钢管，最大的直径约60厘米。

* 注：本书原著于1976年首次出版，提到的主要是当时美国的情况。

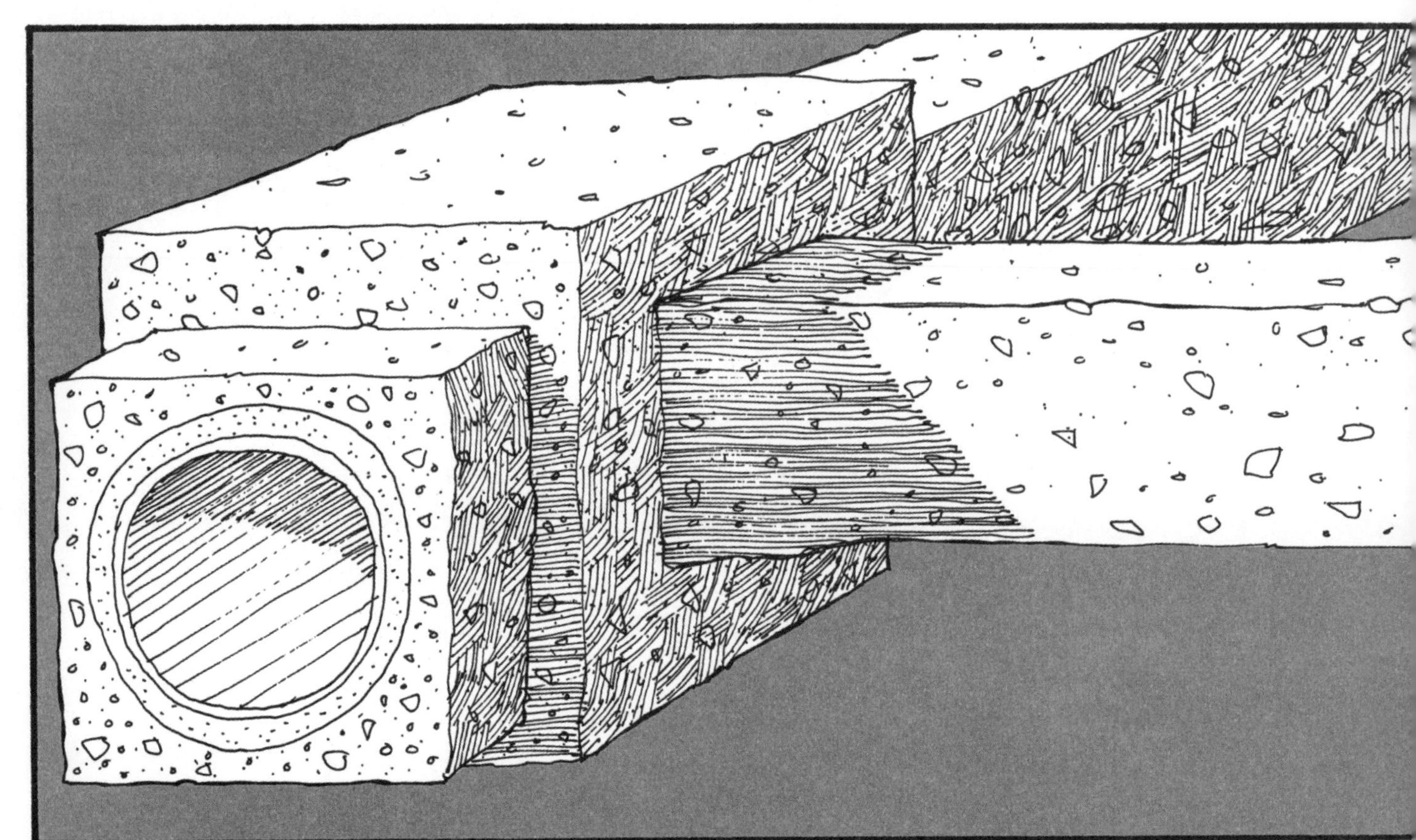

蒸汽产生的高温有可能损毁其他公共设施，因此蒸汽管道至少要埋在地下深达 2 米处，并用混凝土包裹。沟槽可作为浇筑混凝土的模板，宽度和深度只要比管道多 10 厘米左右即可，底面筑出一定的坡度，方便排水。蒸汽管道架在距底面 15 厘米左右高的支撑物上，并焊接在一起。接缝处必须密闭，还要接受 X 光检查，检查通过，管道才算合格。要在特定的位置环绕管道焊接锚固带，这些最后都要用混凝土包裹。每隔 30 米，要在管道之间安装伸缩接头，以便管道在温度变化时膨胀和收缩。随后要用 6 厘米厚的绝缘材料包住所有管线，再浇筑混凝土直至管线顶部。顶部的混凝土至少要 10 厘米厚。锚固带和伸缩接头处的沟槽要稍稍加宽，以保证这些地方的混凝土足够厚实。

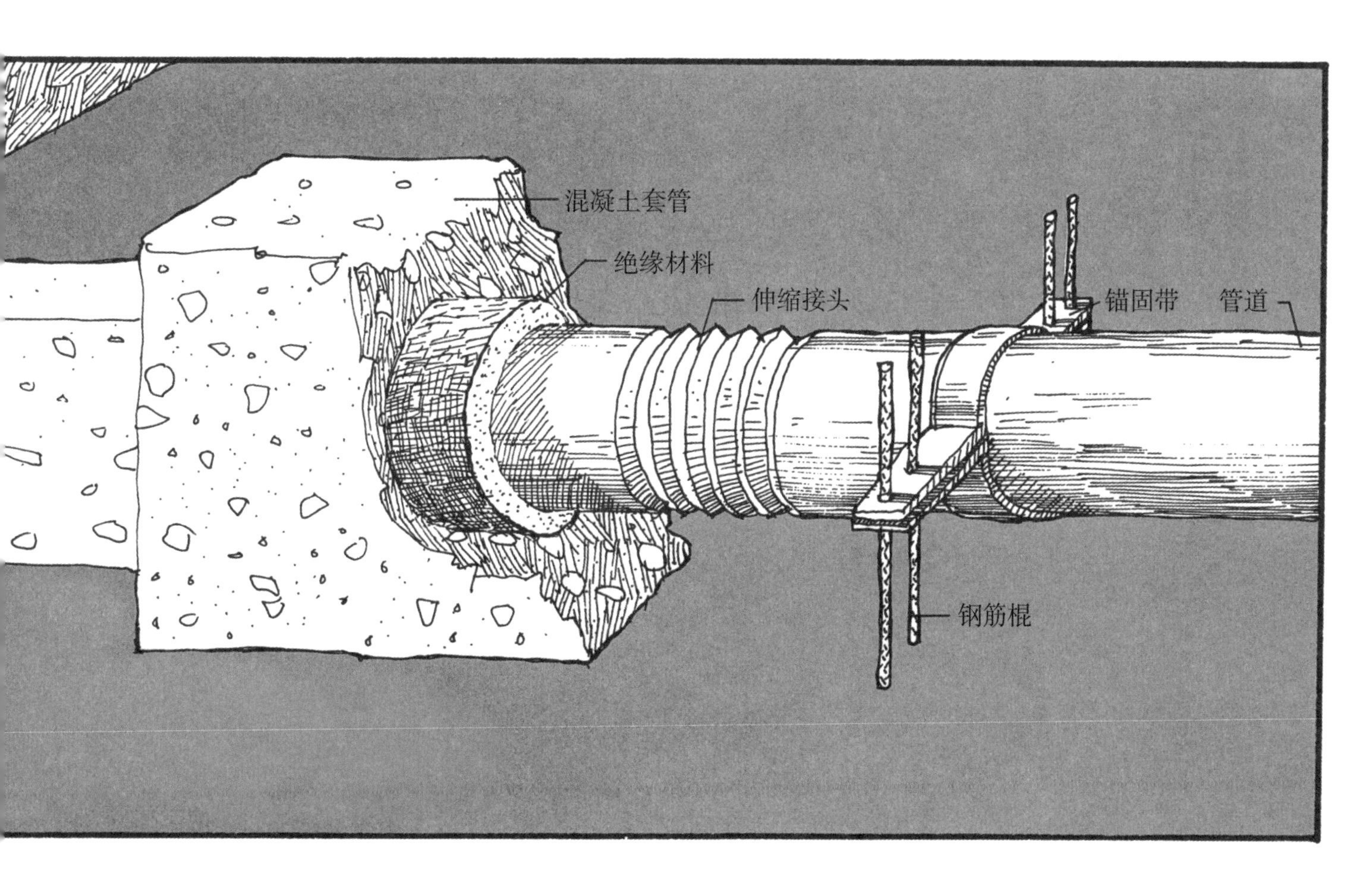

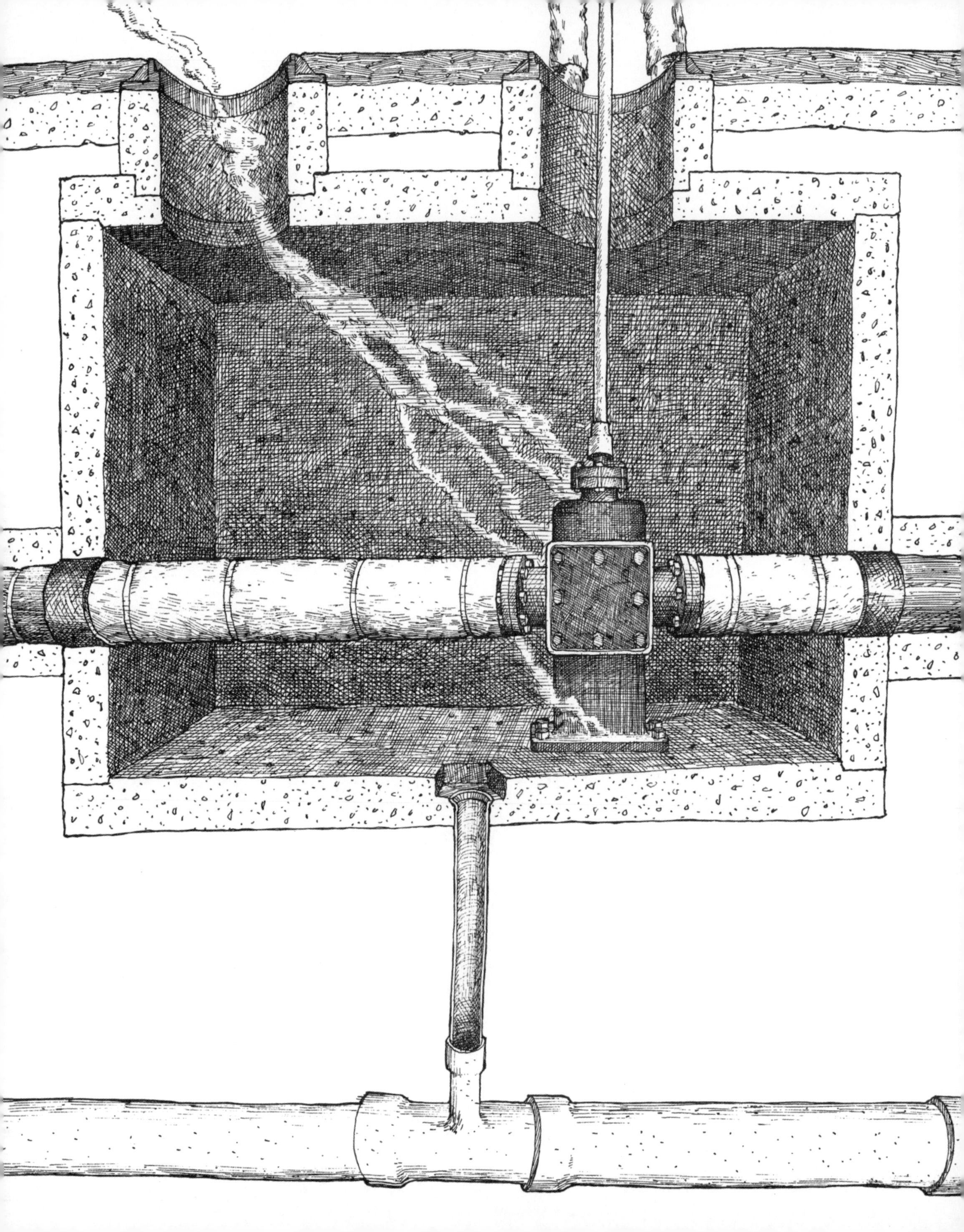

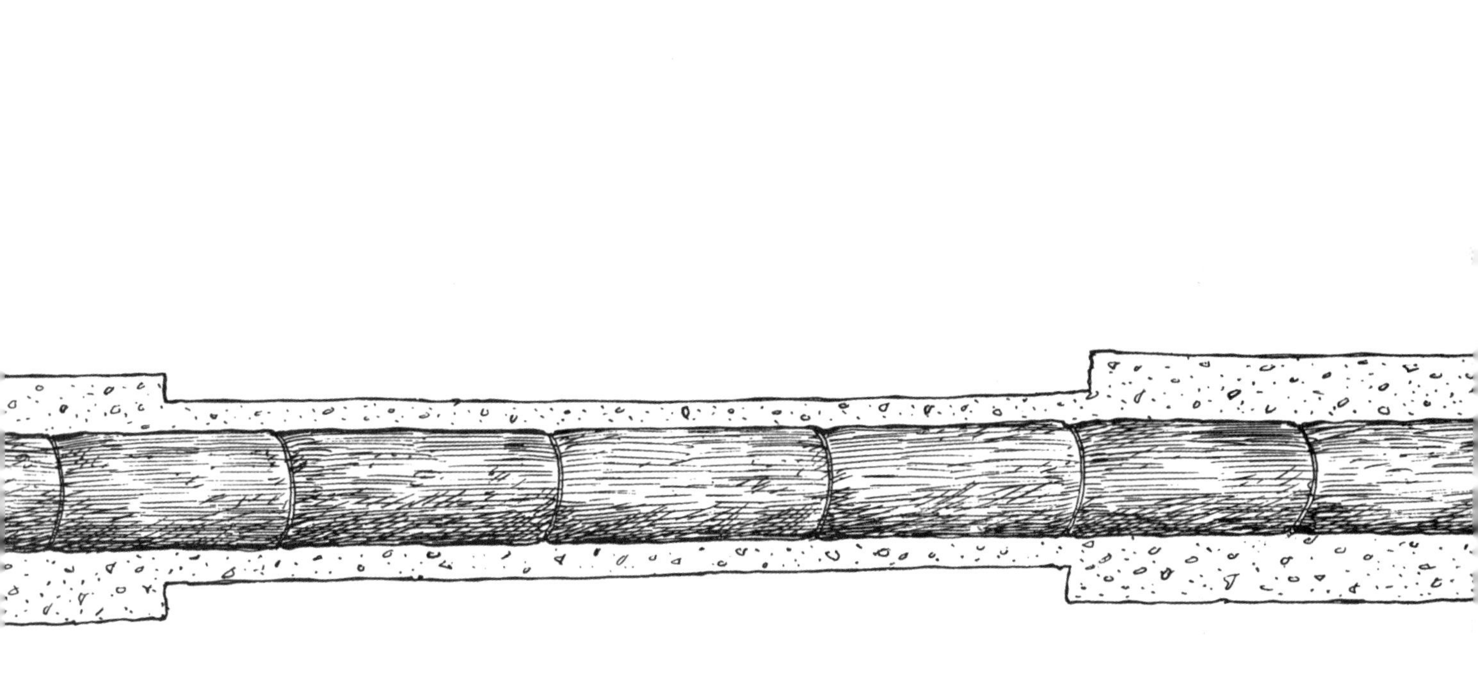

和供水系统一样，蒸汽系统也使用一系列阀门和仪表来调节控制。根据规模不同，这些阀门和仪表有的设在阀门盒里，有的则设在检修井中。大多数蒸汽检修井都是矩形的，街面上有两个入口。新鲜空气从一个孔进入，另一个孔排出，使得热气更有效地散出去。管道和混凝土衬壁之间凝结的少量水分被直接导向附近的污水管道。如果供水总管破裂或下了暴雨，水就会积在混凝土衬壁外围，不管积聚多长时间都会蒸发，通过它遇到的第一个开口排出，这个开口可能是检修孔、滤污器在路面的开口，也可能是人行道上的裂缝。如果有大量蒸汽开始从检修孔上升，通常会把一个井盖儿替换成近 2 米高的薄金属烟囱，将蒸汽排到行人和汽车上方。

天然气配送系统

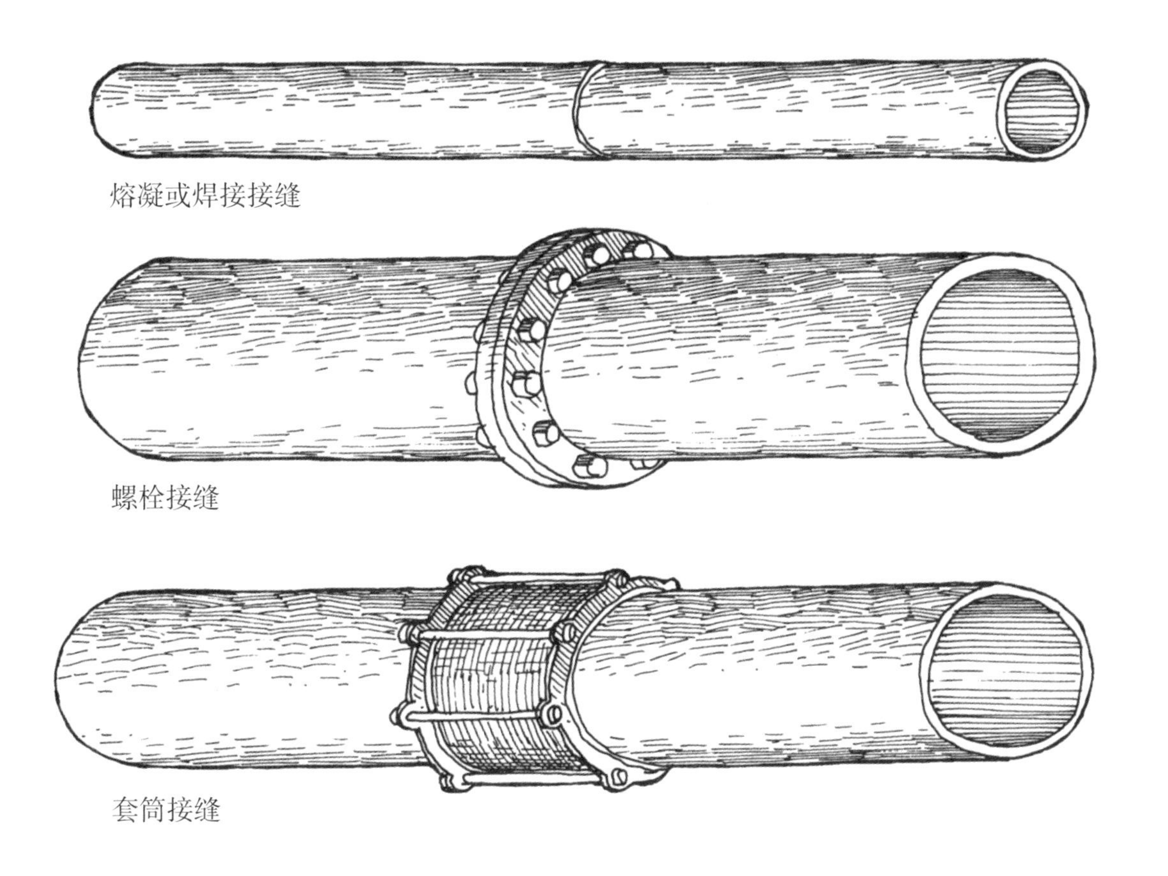
熔凝或焊接接缝

螺栓接缝

套筒接缝

天然气配送系统是街道下面的另一个管道公共设施，它主要用在供暖、空调制冷和厨房设备中。在地表下方数百米的地方,有机物腐烂分解形成了天然气，滞留在天然气泡里。当钻井钻到这些气泡时，天然气就被收集起来，并汇入到大型钢质管道中，这些钢管就是输气管线。输气管线能把携带着巨大压力的天然气运送数百千米，直至需要的地方，还可以将天然气液化，从地面或水面上输送。在城郊，常常能看到液体天然气储罐。不管采用什么形态输送，天然气最终都会从某个地方进入地下配送和服务管网中。

输气管线均设置于路面下方至少 1 米深的地方，管线的材料以金属或塑料最为常见。如果是钢或铸铁管道，就要用螺栓、焊接方式或一种特殊的套筒来连接。接缝处检查完毕后，要在管道周围仔细填土并压实。如果用的是塑料管道，就要给两端加热，使之熔凝在一起。确认没有缝隙后，在管道周围填上沙子，再在沙土上覆盖常用的回填材料。

天然气配送管网能否成功运行，取决于不同的管道之间能否维持特定的压力。要实现这个目的，就要在整个管网中设置检查点。每个检查点包含两个混凝土检修井,检修井之间相隔大约七八米。每根配送总管都要通过这两个检修井。检修井里和总管道连接的设备叫“调节器”，它是由管道内的压力自动控制的，可以按照需要增加或降低天然气的流量。天然气中任何可能阻塞调节器的物质微粒都被特殊过滤器去除，过滤器同样设置在检修井内。调节器里的少量天然气可从地下的开孔排到人行道上一根近 2 米高的垂直管道中，并定期释放。

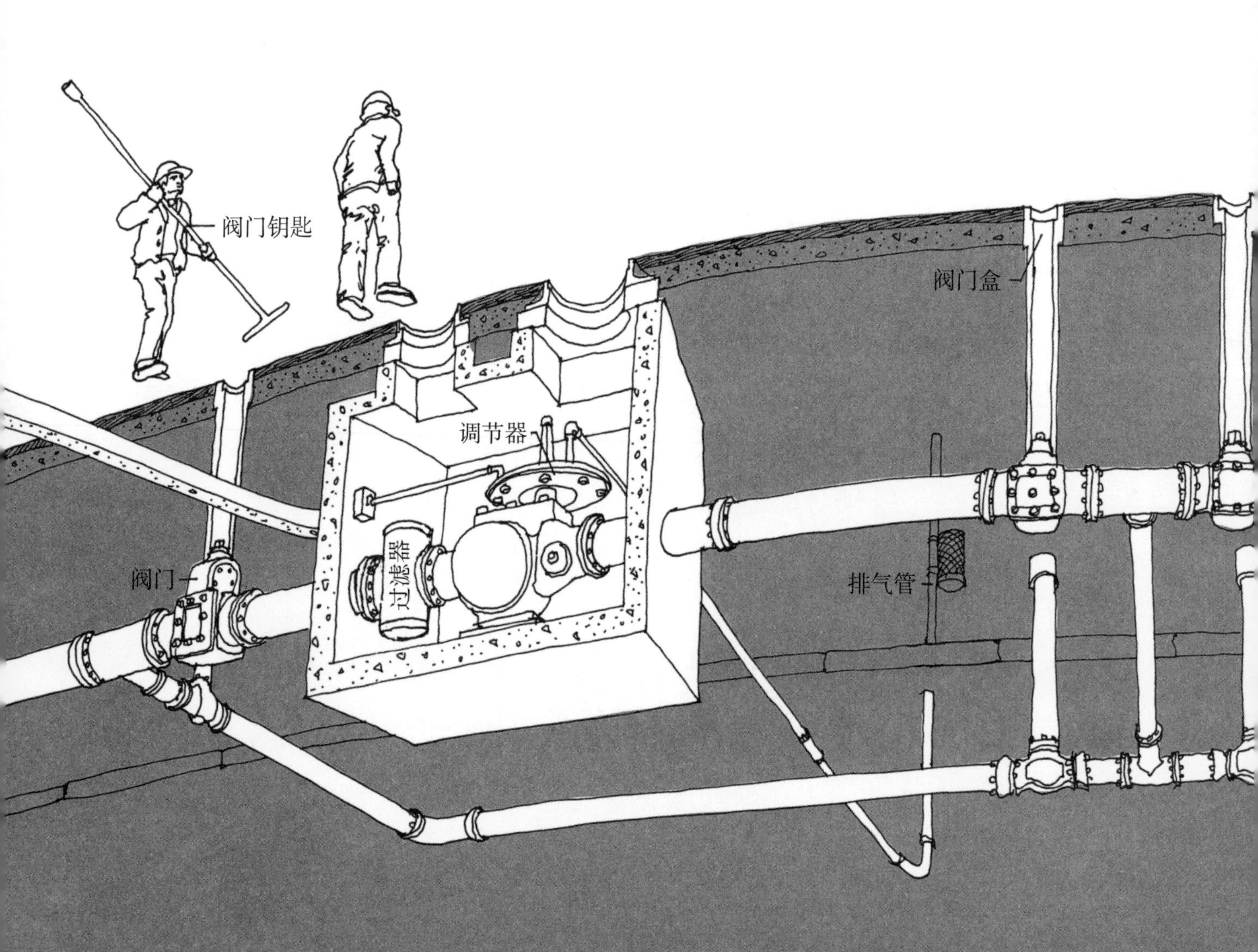

在总管道接入第一个检修井之前，用另一根管道接通总管道，并一直与第二个检修井延伸出来的总管道接通，这条分出来的“旁门左道”通常比总管道细一些，起到旁路的作用。若出现问题，通过开关旁路和总管道上的一系列阀门，可使天然气绕过这一两个调节器继续输送。这些阀门和其他各类建筑的服务管道上的阀门一样，通常位于街道或人行道下方，可通过阀门盒来调节。调节器的另一个作用，就是帮助中央控制室监测某些特定天然气管道的压力。

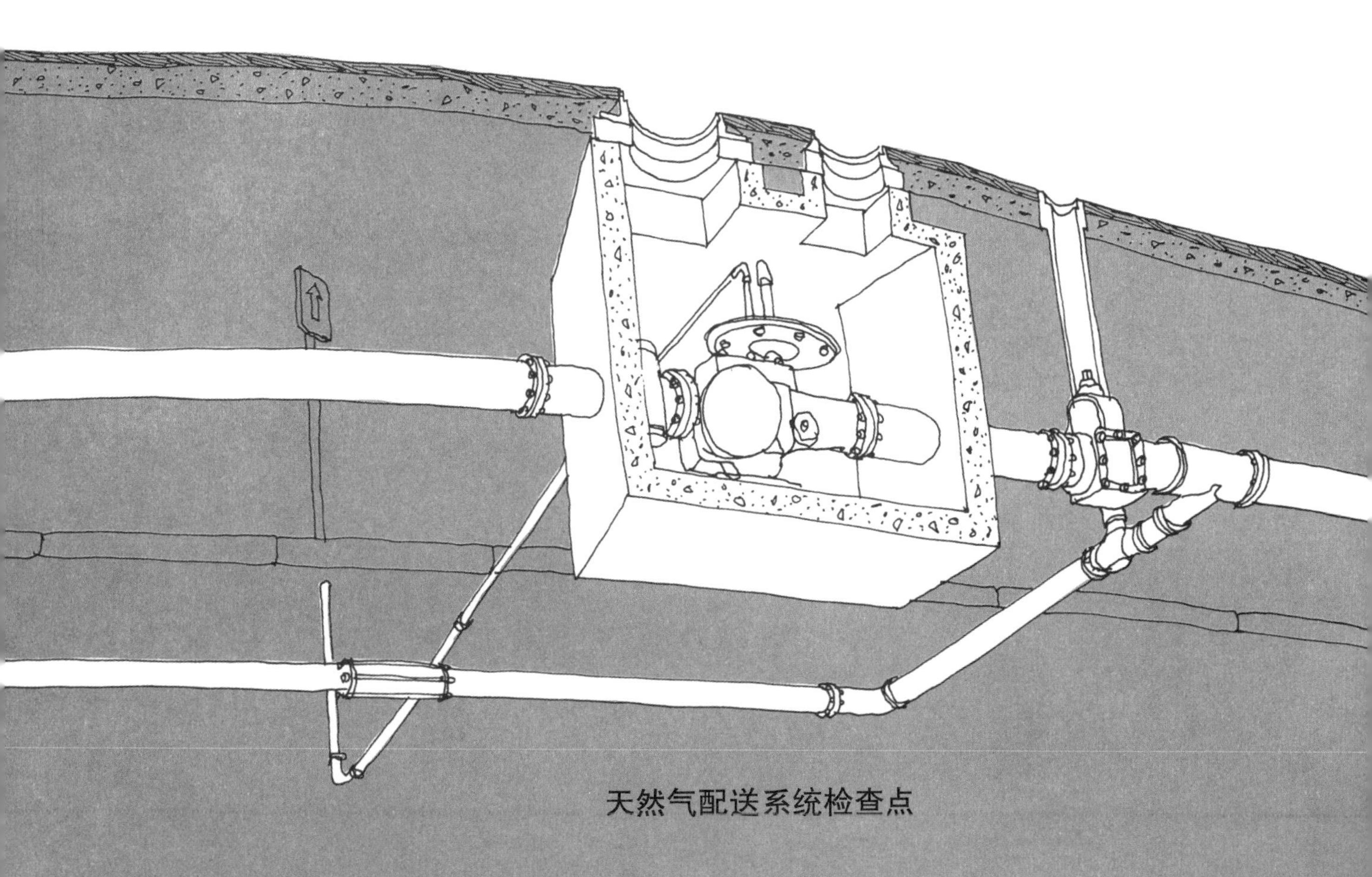

天然气配送系统检查点

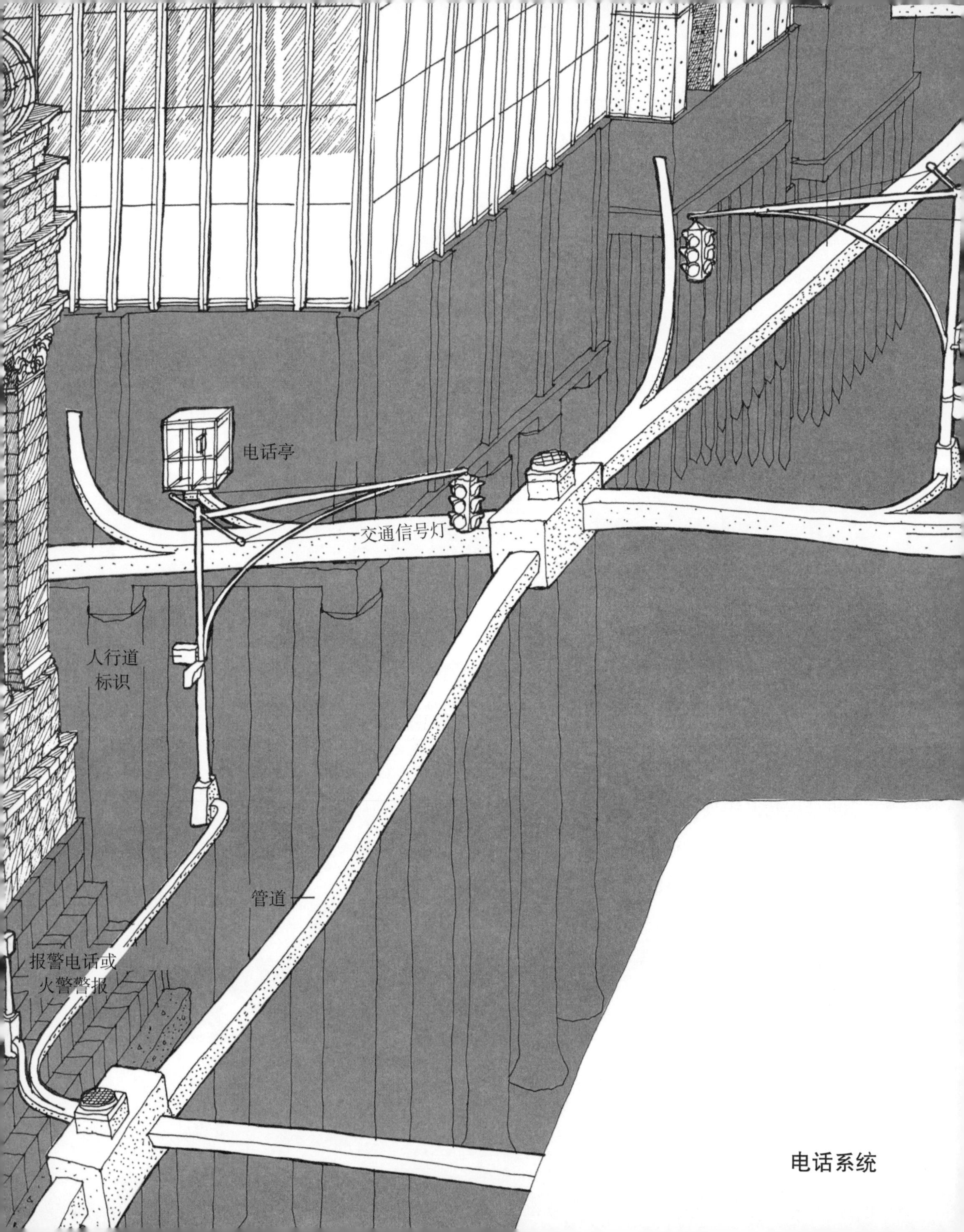
电话亭
交通信号灯
人行道
标识
管道
报警电话或
火警警报
电话系统

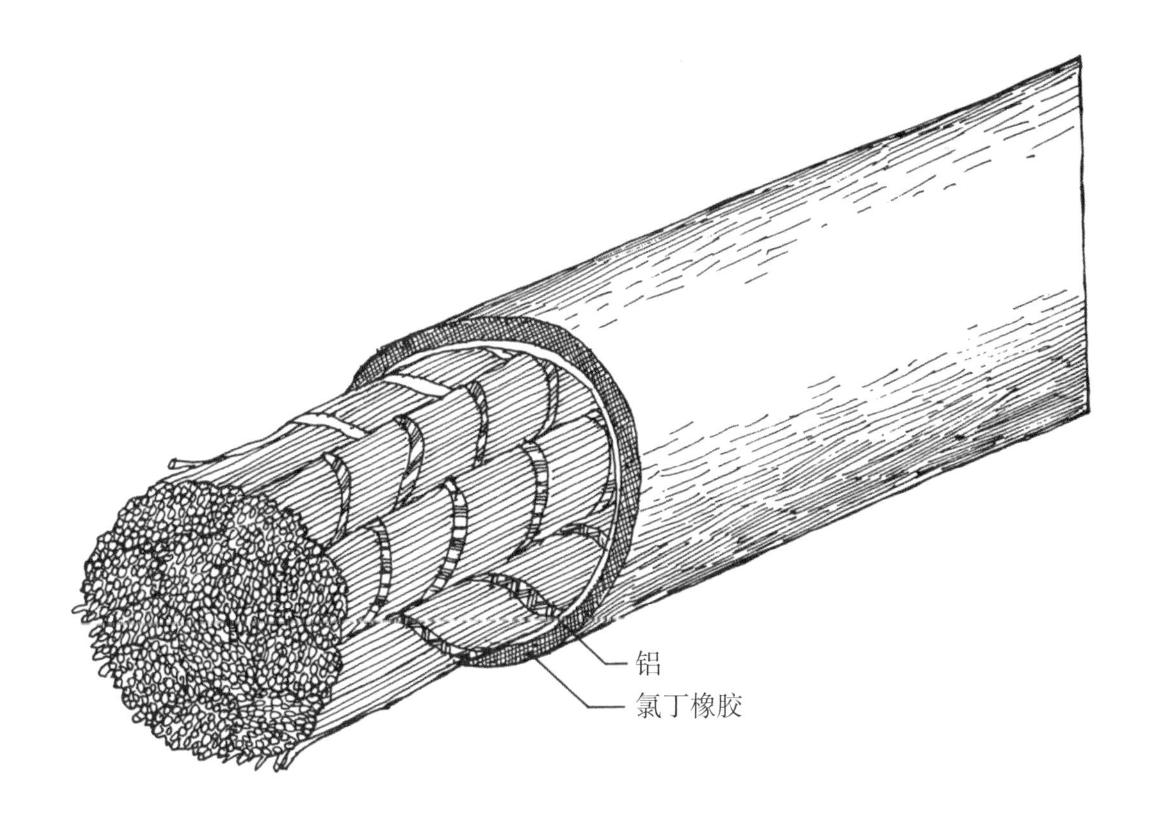

传统的电话呼叫其实需要两根电线，一根用来传入信息也就是接听，另一条用来传出信息，也就是回话。每个电话系统中都包含数千条电线。一条地下电缆通常包含 5400 根电线，可满足 2700 次同时通话。这些电缆的直径大约 8 厘米，外面包着铝和氯丁橡胶，里面的电线分成不同束，每一束都包裹成不同颜色，而且里面的每一根电线都有它们独特的标记。

当出于某种原因必须寻找某一根电线时，维修人员首先要找到这根电线通过的电缆的编号，这样就能找到它所在的检修井和导管的确切位置。打开电缆后，首先要按照颜色编码找出那束电线，然后从所有电线中区分出需要维修的那根。

在检修井里工作时，要通过一个大型软管向下送入新鲜空气，并在开口处设置一个高高的钢套管，以免任何微小物体掉落到检修井里。当把电缆悬挂在支架上，或为了更易操作而把电缆架起的时候，就会看到电线上数千个必要的连接点。电缆连接在一起后，所有连接处都要用铅或塑料套筒包裹起来，在加压状态下密封和保存。固定在套筒上的一个小管子连接着控制面板。如果有地方折断了，导致压力降低，就会引发警报。同时，逸出的空气会阻止水渗入电缆内，直到维修人员查出损坏的地方。

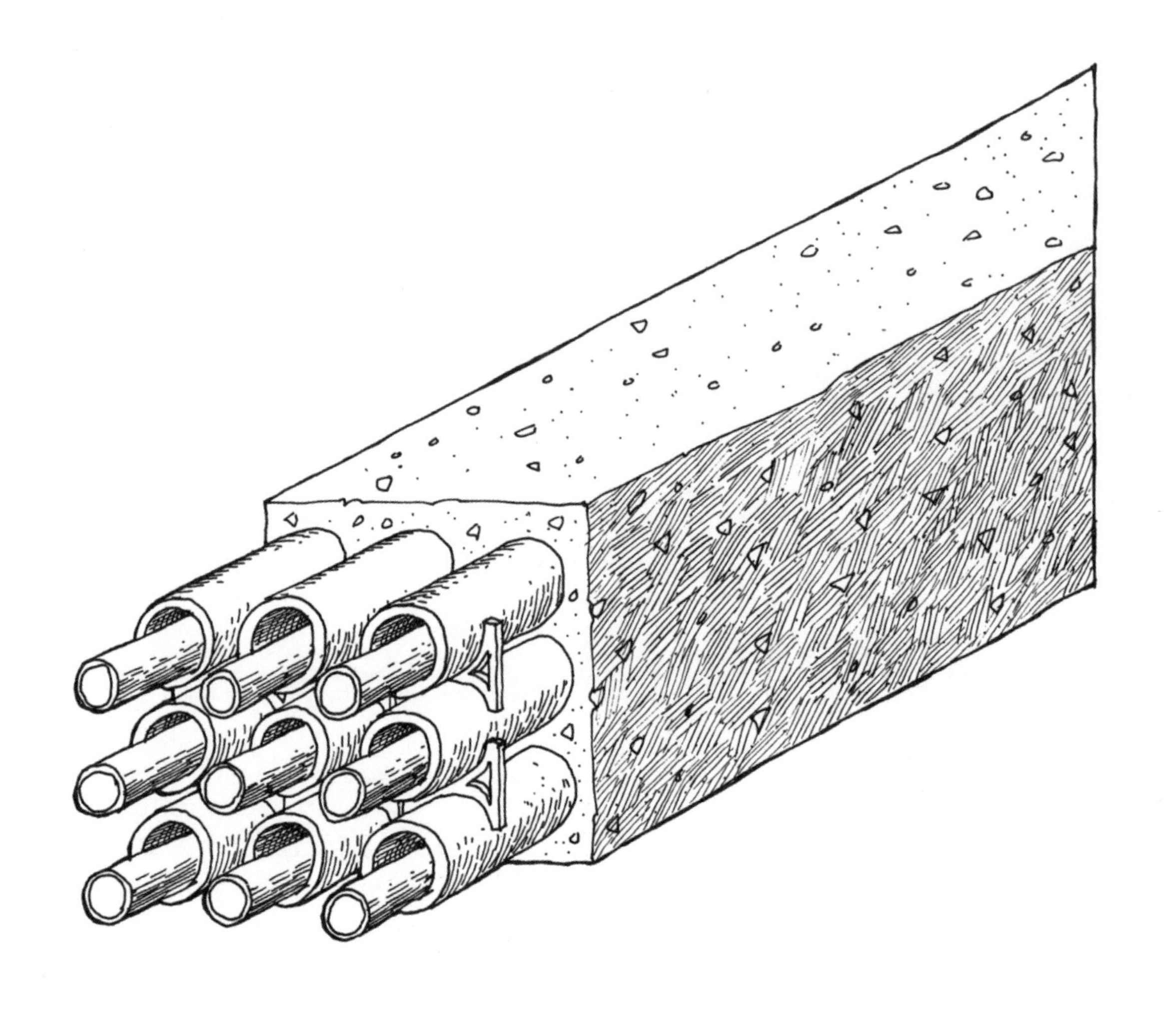

传递城市电话信号的地下电缆往往与输电电缆平行铺设，并且处在相同的深度。这时候也需要建造检修井，用来拖拉、连接并输送电缆到建筑物和电话亭中。所有的电缆都穿过导管，这一点和输电导管是一样的，而且也要分成很多束，并包裹混凝土。交通信号灯、火警和报警电话的电缆也要通过电话公司的导管，但不经过中央电话局。

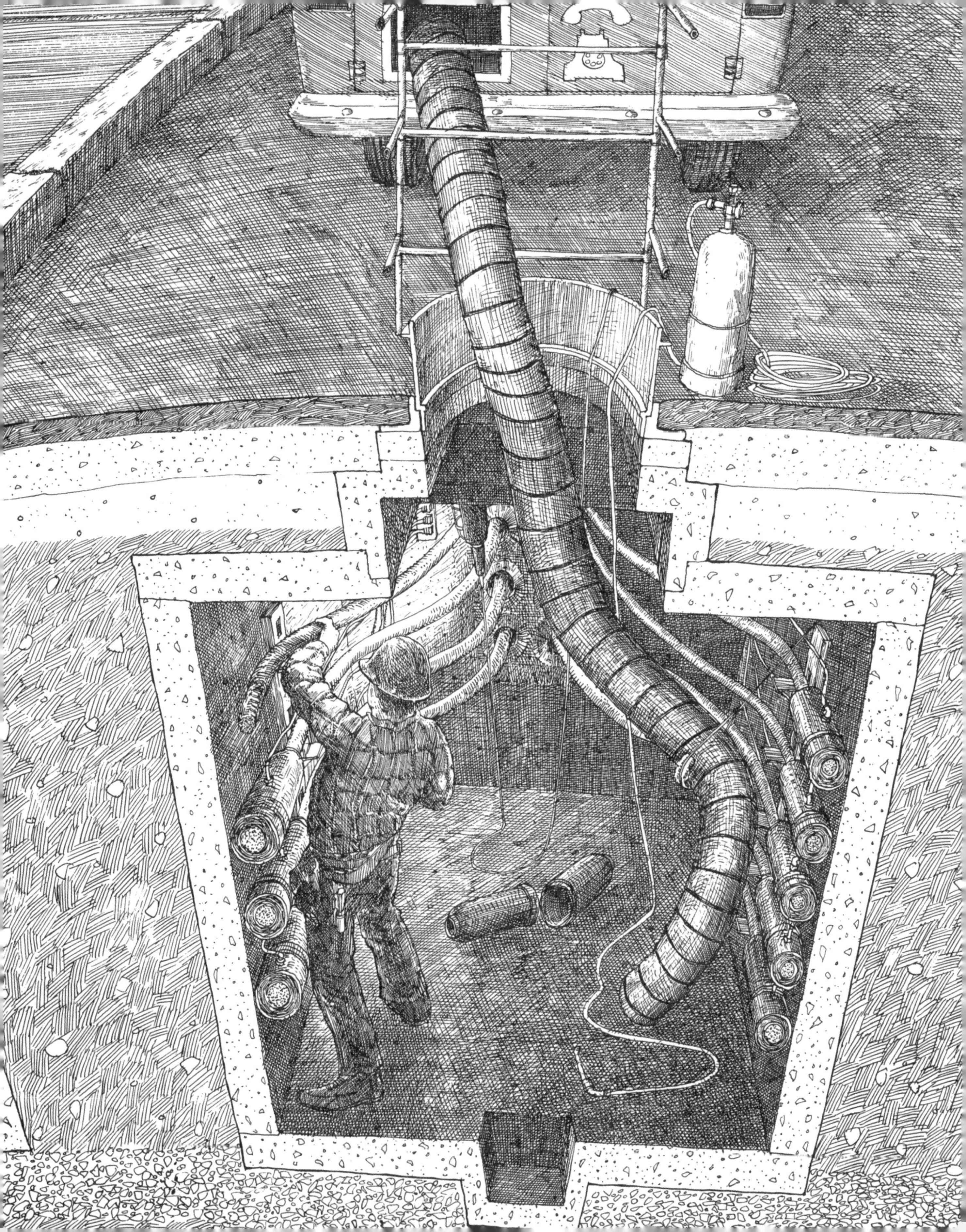

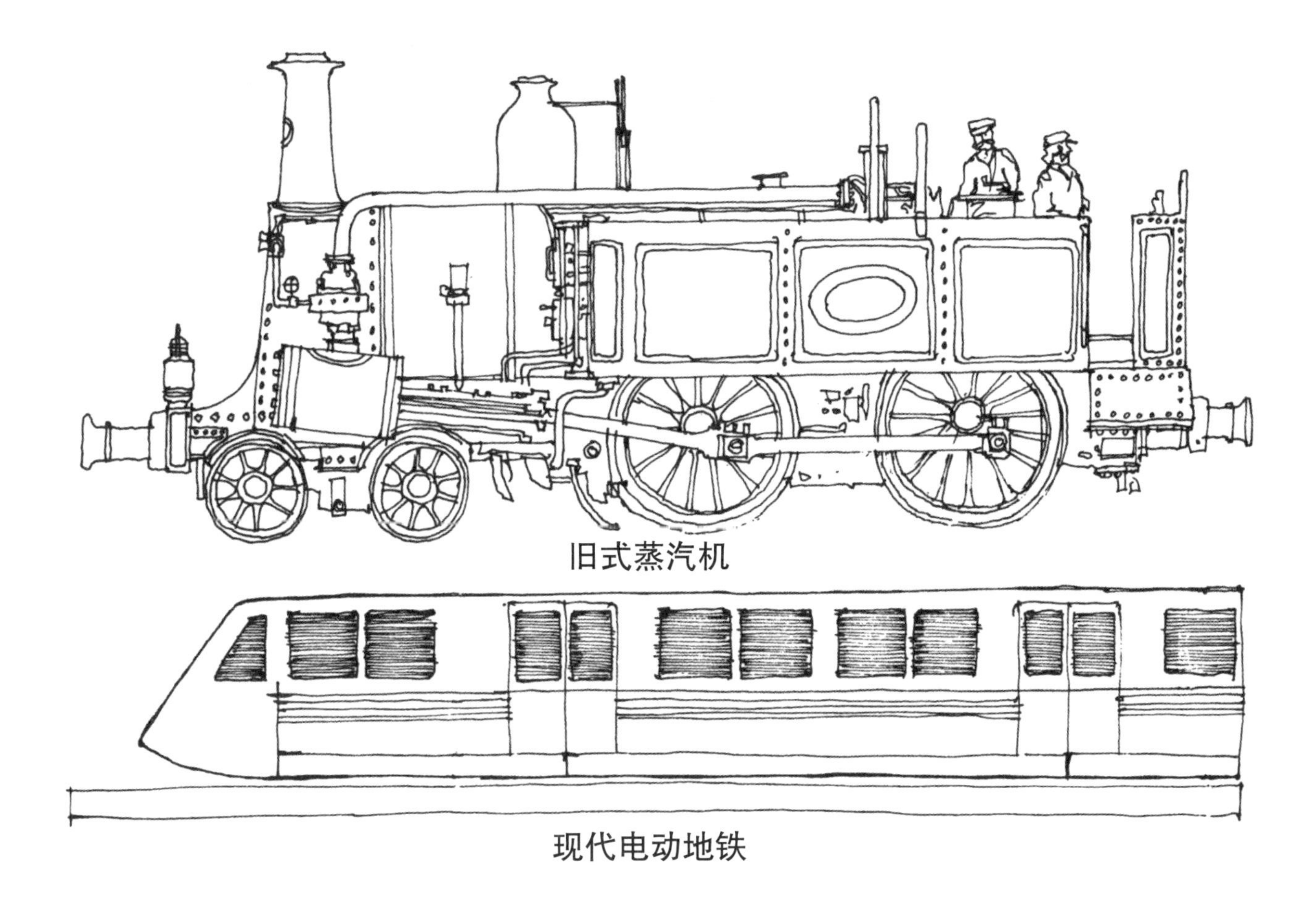

旧式蒸汽机

现代电动地铁

随着城市逐渐扩张，人口慢慢增多，公共设施管网的容量也必须提升。从根本上来说，就是扩大地下管道和电缆的数量和容量。城市规模的扩大和人口的增长，还直接促成了另一种系统的形成，即一个快速高效的运输方式。加之地面上人、车都很拥挤，街道布局往往毫无计划，这一种情况迫使这一运输系统只能设置在地下。我想，你已经猜出了它是什么。

19 世纪中叶，世界上第一个地下铁路系统在伦敦建成，那时的发动机是由蒸汽驱动的。从那以后，各种电动高速地铁系统都被开发出来，在全世界的城市中使用。

地铁系统的路线和深度主要由地面上的需求量和地面下的具体条件来确定的。不过在选择路线时，还必须考虑地铁设备的储藏和维护区域，以及运行地铁所需的发电站的位置。

明挖回填式隧道

地铁系统中有两种基本隧道类型。第一种隧道，由于距离地面很近，只能建在现有街道和开阔区域下面。这种隧道采用的是明挖回填式建造法，这种方法我们已经见过多次，也就是挖一道深沟，将隧道建在深沟里，完工后回填剩余空间。第二种隧道实际上要钻通地下，因此可以延伸到更深的位置。只有在街道的水平位置没有干扰，或地铁必须从建筑、河流和其他地铁线路这样的障碍物下方绕过去时才会使用。不管是哪种类型，路线选好之后，就可以绘制方案图了。绘图时要标明沿线全部公共设施的确切位置、现有地铁线路、地基的类型、深度，以及附近土壤环境等。

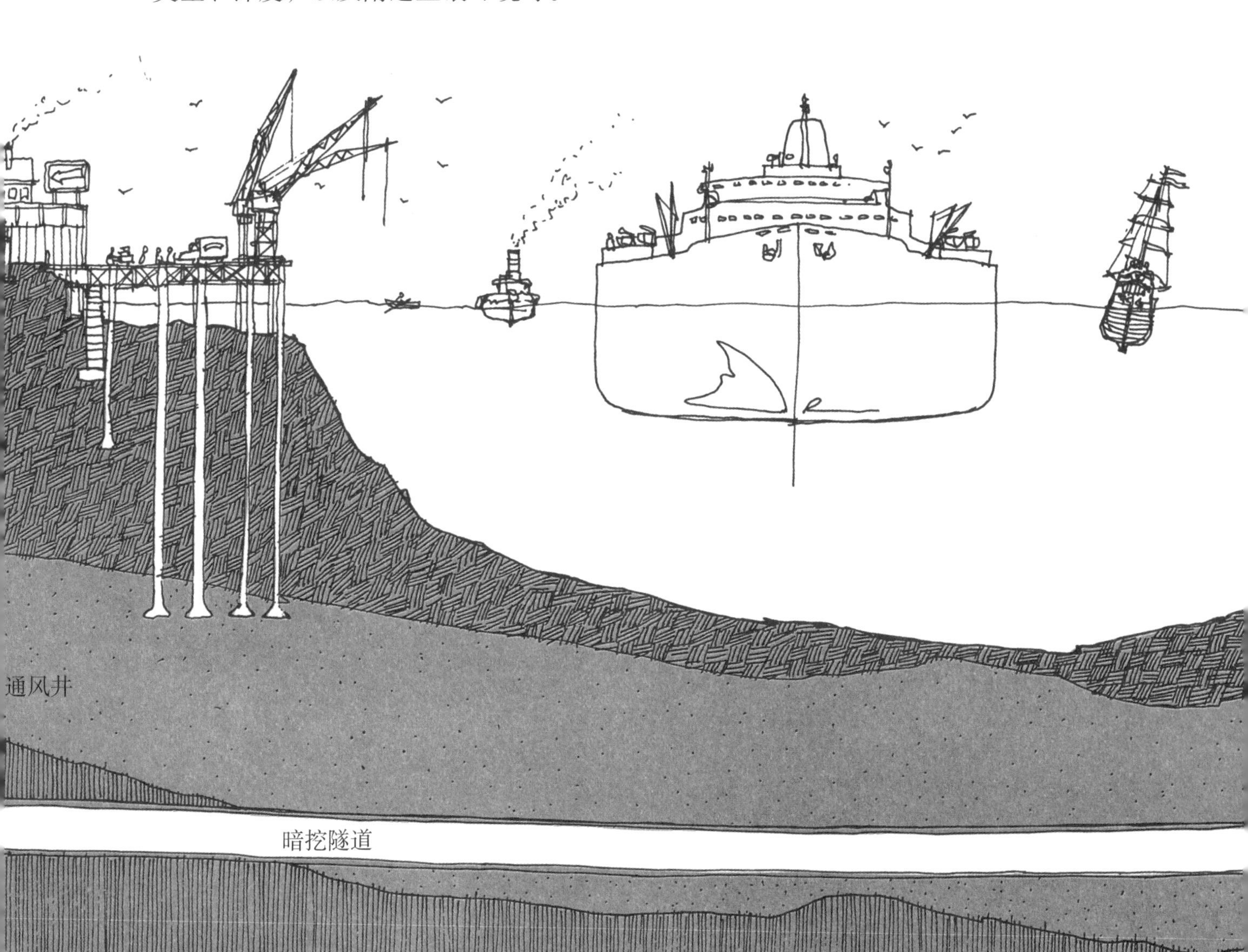

1

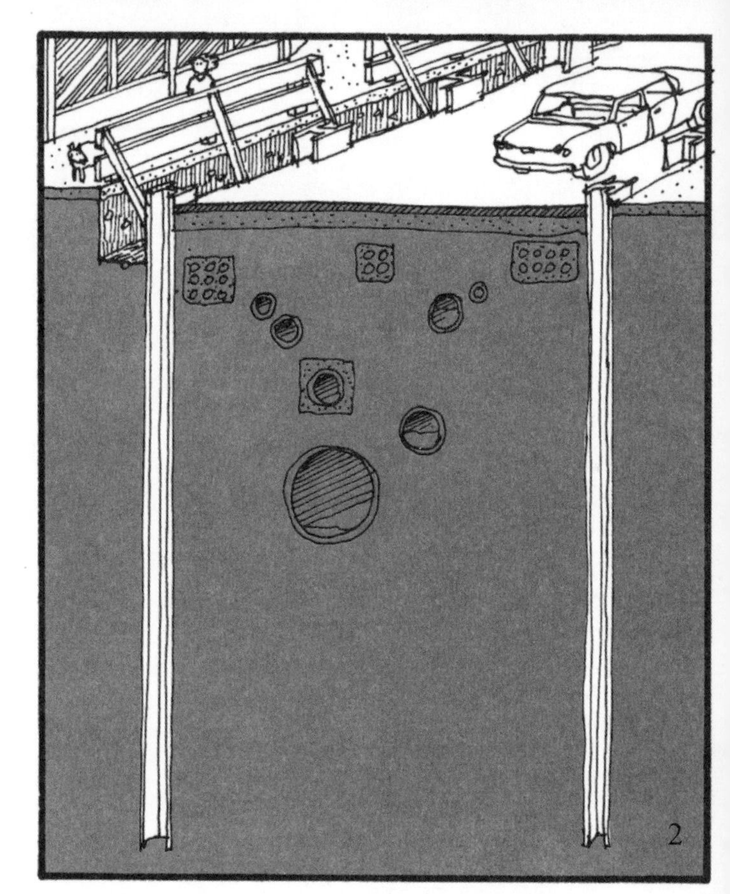
2

3

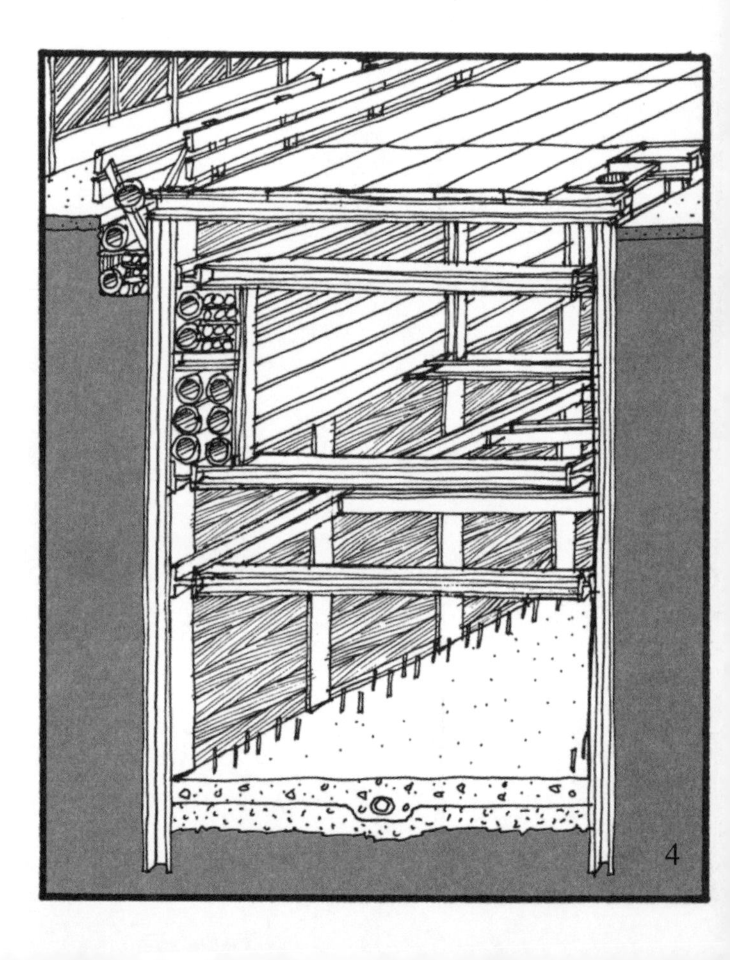
4

明挖回填式建造法每次只在一两个街区同时施工，这样可以尽量减少对地面交通的干扰。影响施工的公共设施要么转移到旁边的临时管道和导管中，要么由水平支柱支撑起来，悬挂在即将覆盖在深沟上的临时路面上。

在街道上标注好坑道外墙的位置之后，就要打入兵梁。兵梁就位后，再把横跨深沟的重型钢梁架设在兵梁顶上。接着，在钢梁之间架设一层30厘米宽的木梁或厚钢板，这不仅可以形成一条临时道路，保证正常交通，还可以作为桥梁，把材料和设备吊放入坑道中。路面建造完毕后，要小心清除其下方的土壤，露出所有的公共设施。当所有公共设施都被安全架起或转移后，就可以用相当快的速度挖掘余下的坑道了。

坑道基底挖好之后，就开始架设隧道底板和内壁所需的模板。这时，要在轨道中间、底板下方的位置铺设一根排水管。系统中预先确认过的每个低点如果有水积聚，水就会被抽入最近的下水道中。地铁运转所需的所有电缆，包括电力电缆、通信电缆和应急系统电缆，都会通过建在隧道内壁的导管引入。为了实现这一目的，隧道每隔数十或一二百米就要建一个地下室。

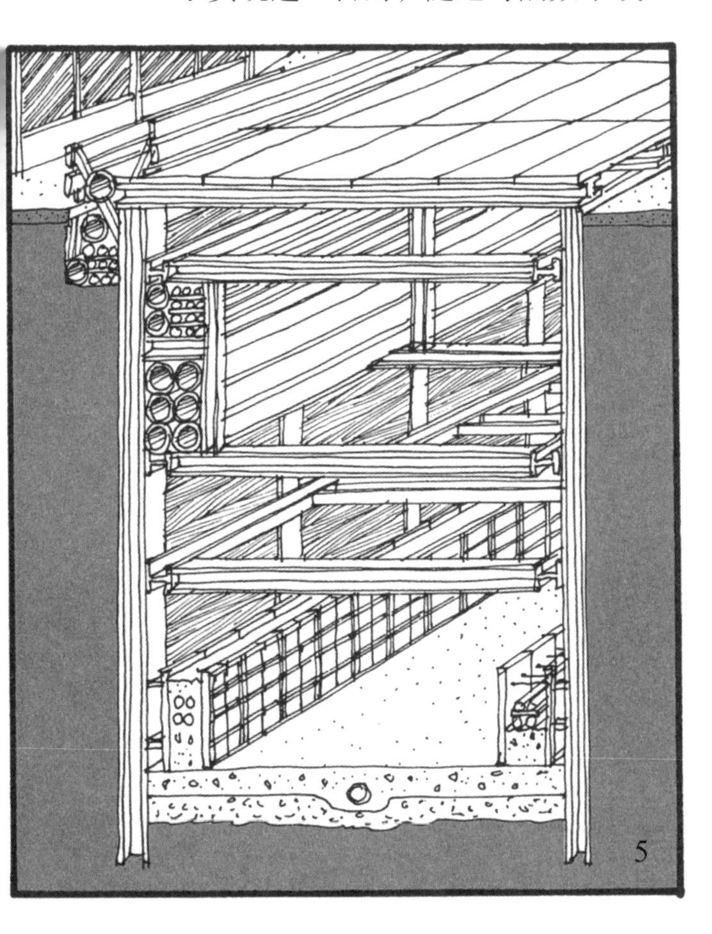

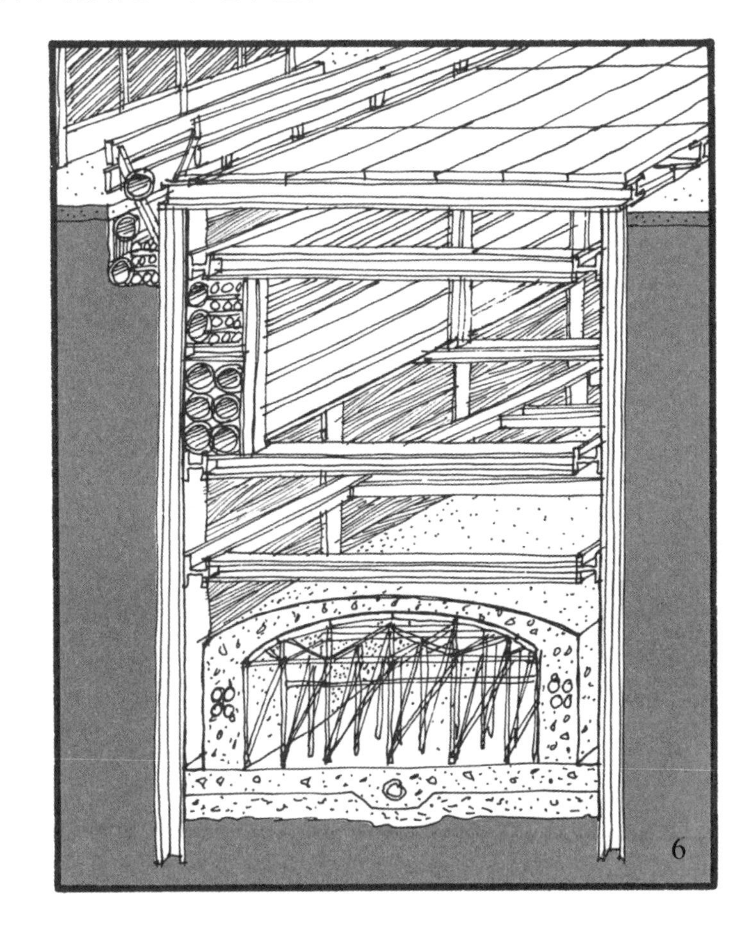

隧道内的钢筋设置就位后，需要从街道的位置通过长漏斗浇筑混凝土。隧道壁建成后,隧道顶的模板可通过重型支架支撑在隧道壁之间。隧道顶板一完工，轨道、照明和信号系统可随之安装到位。等到隧道外面的防水工序完成后，就可以往坑道内回填密实的砾石和泥土。当填充物达到适当高度时，公共设施管线就能回到原位了,而新的检修井会建造在所有需要的位置。随着新路基的建成,临时道路将被拆除。包围深沟的永久混凝土墙壁就成为升降梯的井壁和楼梯井壁，也可用作通风竖井。

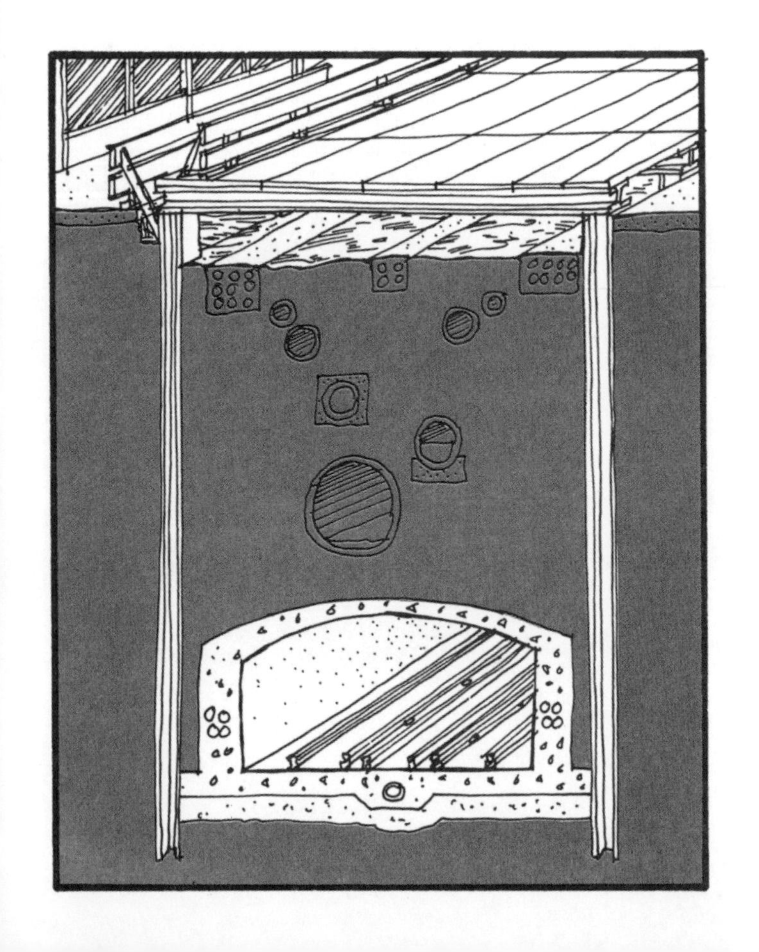

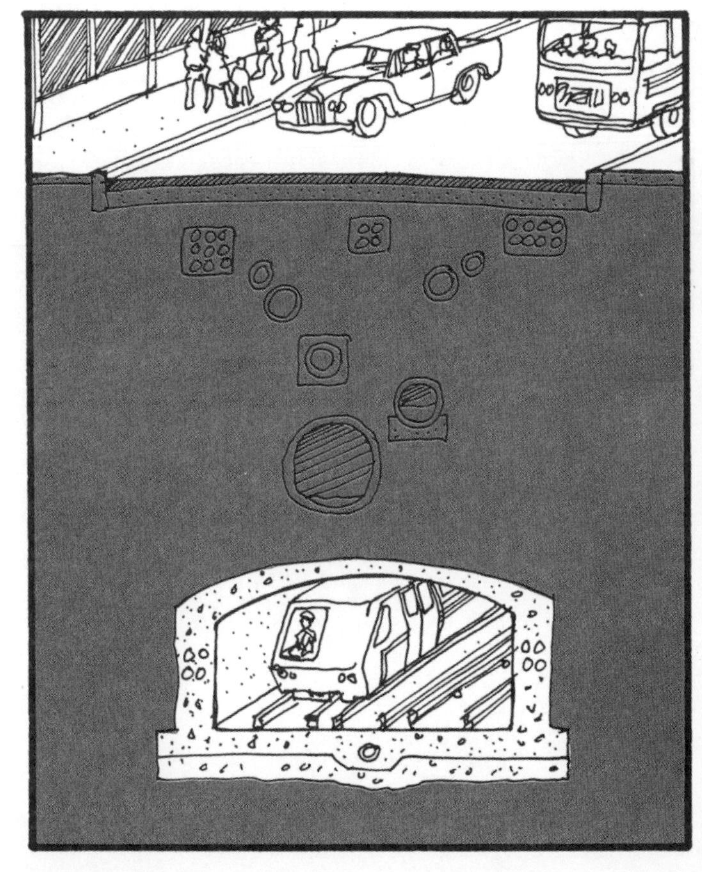

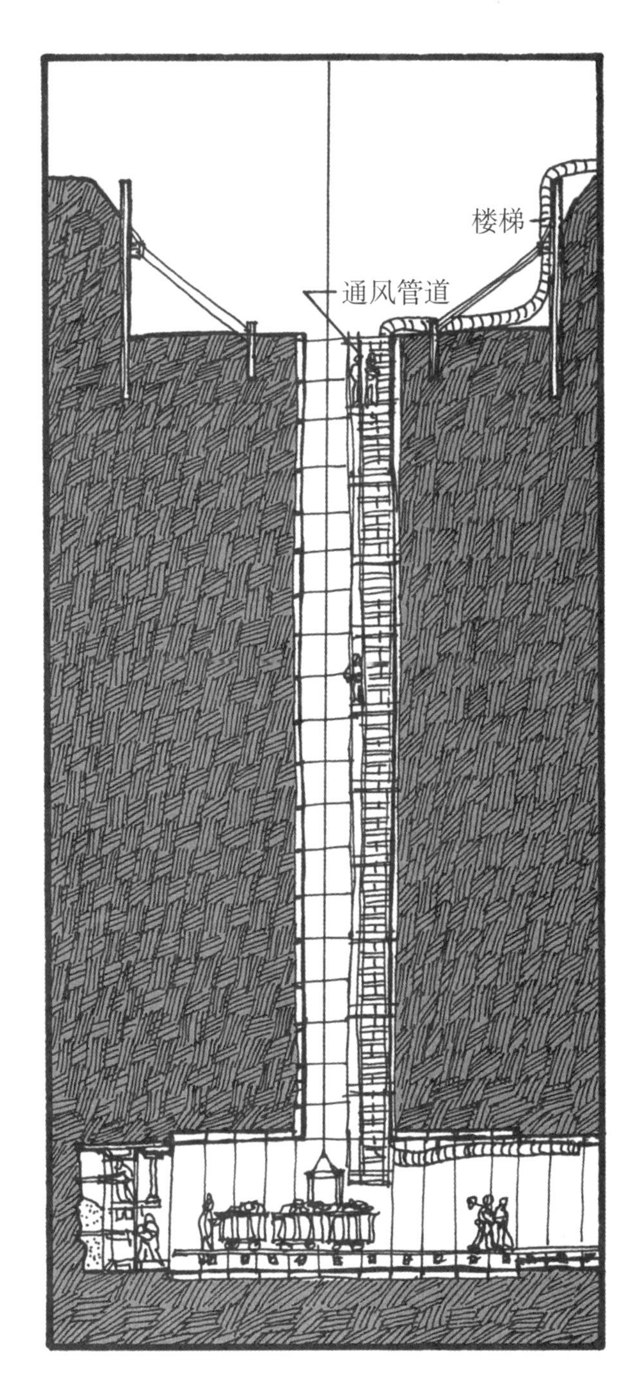

在钻挖隧道的过程中，常常间隔一定的距离挖掘一连串一定深度的竖井，并将它们连在一起。通过这些竖井，工人、材料和新鲜空气都可到达施工区域，而且也可以移走挖掘出来的泥土和岩石。在向下挖掘竖井的过程中，要在里面设置衬壁，以免泥土塌陷，并阻挡水渗入周围区域。

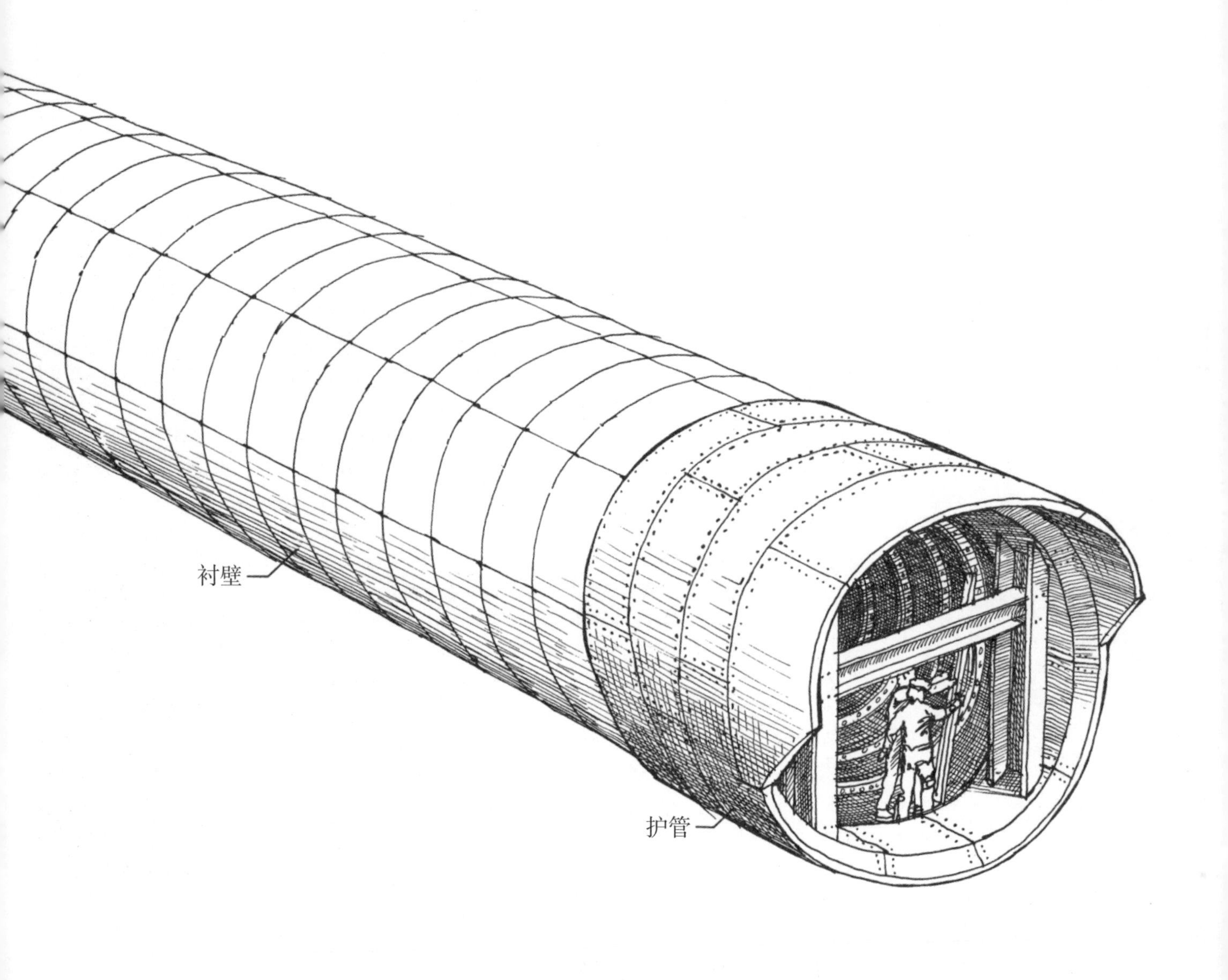

当在黏土或并不稳固的岩层中开凿隧道时，会使用名为“护管”的钢管。护管比完工后的隧道直径略大，通过竖井将护管部件一块一块地吊放下去，然后在特殊的坑道工作区进行组装。这个工作区可能是地铁隧道，也可能与打算建造的地铁隧道相隔不远。最靠近坑道挖掘处（或按习惯称之为“采掘面”）的护管末端顶部会向外延伸一点儿，以免有松散的材料掉落到工作区。在护管的另一端（即尾部），工人会安装铸铁或预制的混凝土衬壁，这就是隧道内壁。衬壁的每一块圆柱形拐弯区域都是由若干小部分组成的。

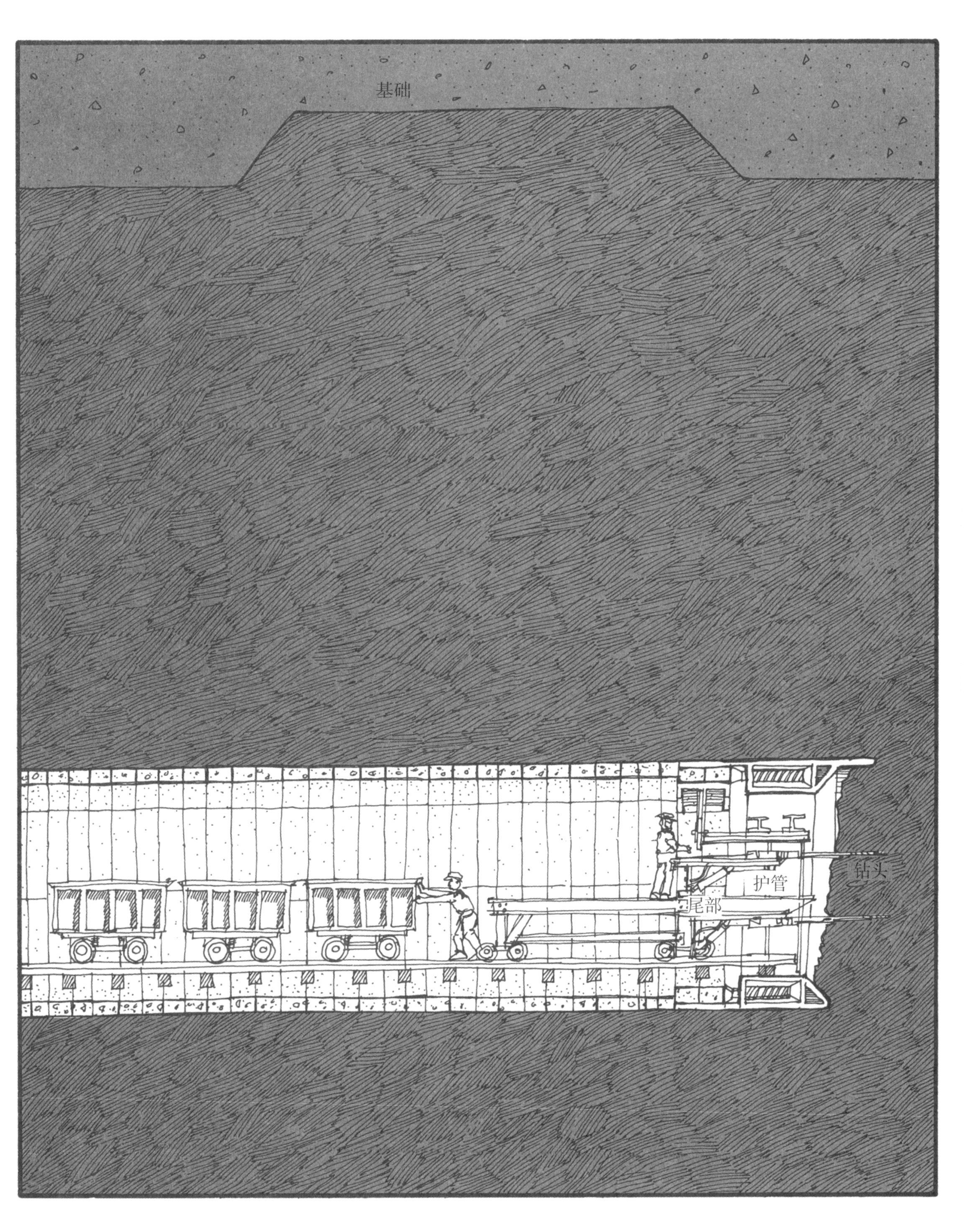
基础
钻头
护管
尾部

在采掘面上每挖半米到一米，就要用千斤顶顶住最近的那段钢衬，将护管向前推进。随着护管的推进，在实际的泥土表面和衬壁外层之间就会留下一道很窄的空间。过去，这个空间会被填充进一种特殊的混凝土，不过，在新的衬壁工程中，当护管移动时，每一段衬壁会被向外推，紧紧抵住泥土。无论采用

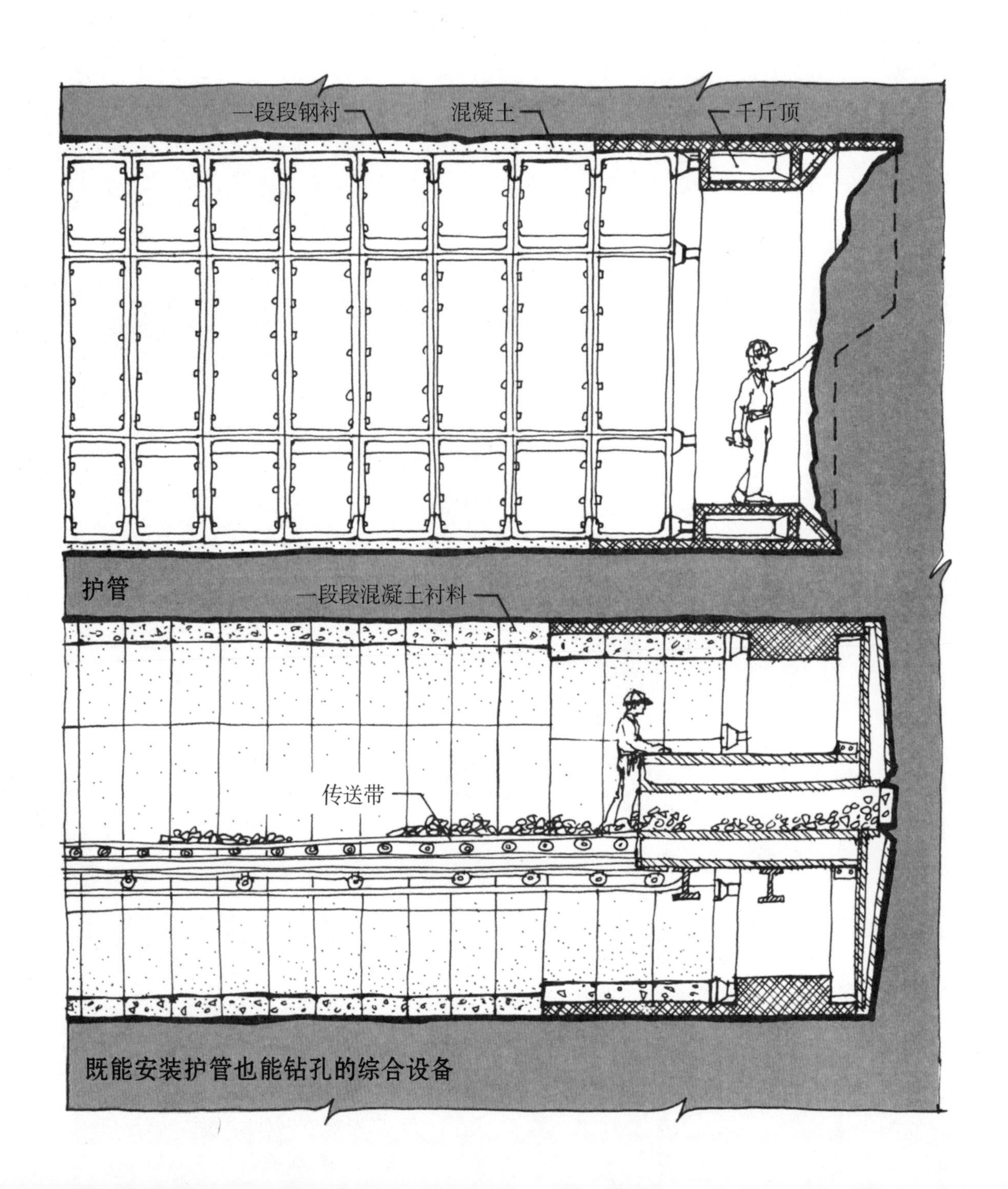

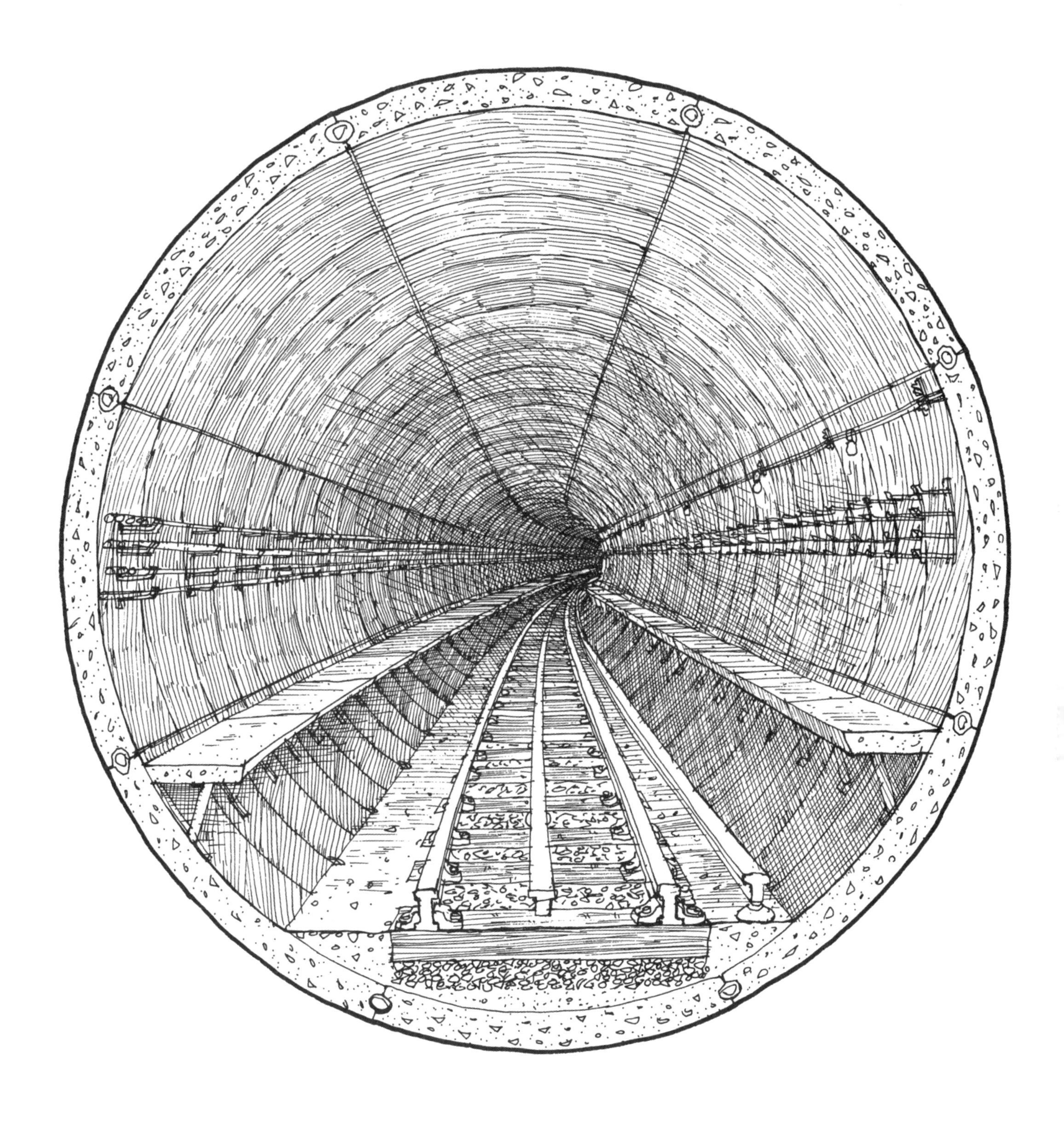

哪种方式，隧道都被永久嵌入泥土之中。若是穿过坚固的岩石打隧道，就不需要建造护管，有时候也不做衬壁。为了节省建造时间，施工人员会从几个不同的竖井同时开工。

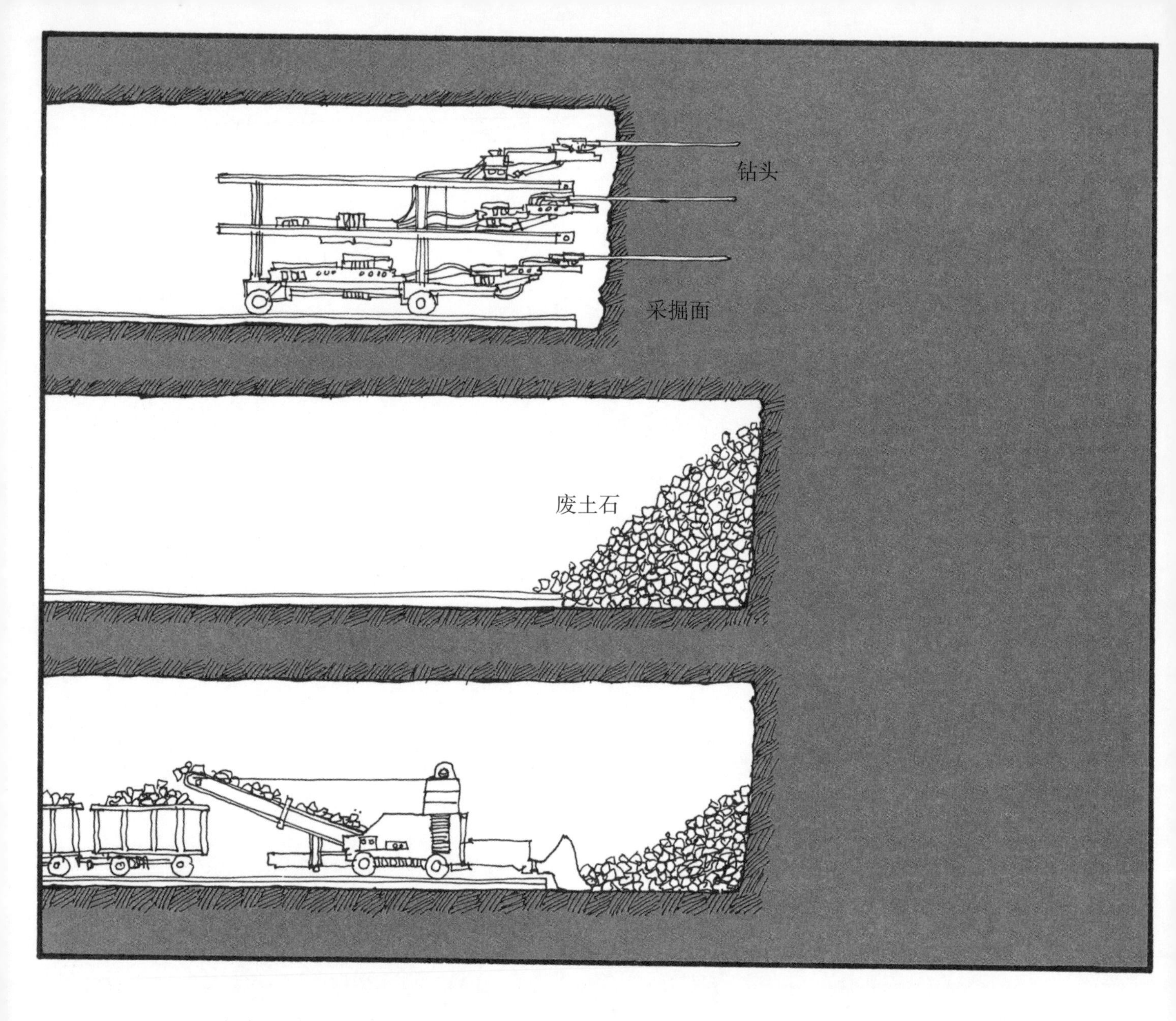

隧道的采掘面可以用多种方式进行挖掘。通常使用多个强力钻头或一台大型钻探机施工，如有必要，还得采用人工挖掘。当隧道需要穿过岩石或非常坚硬的土层时，就要在钻孔内填充炸药，引爆后，采掘面就会化为碎石。这时，先要使用通风系统清洁换气，再通过沿窄轨运行的小车或传送带，把废土石运到最近的竖井处。

如果挖掘隧道的位置含水量大，就要给隧道采掘面加压，以免水灌入。首先要在护管后面建造一面厚混凝土墙来封闭隧道。这时，墙和采掘面之间的空间的压力会增加。然后要在第一面墙后面相隔大约 3 米的地面建造第二堵混凝土墙，

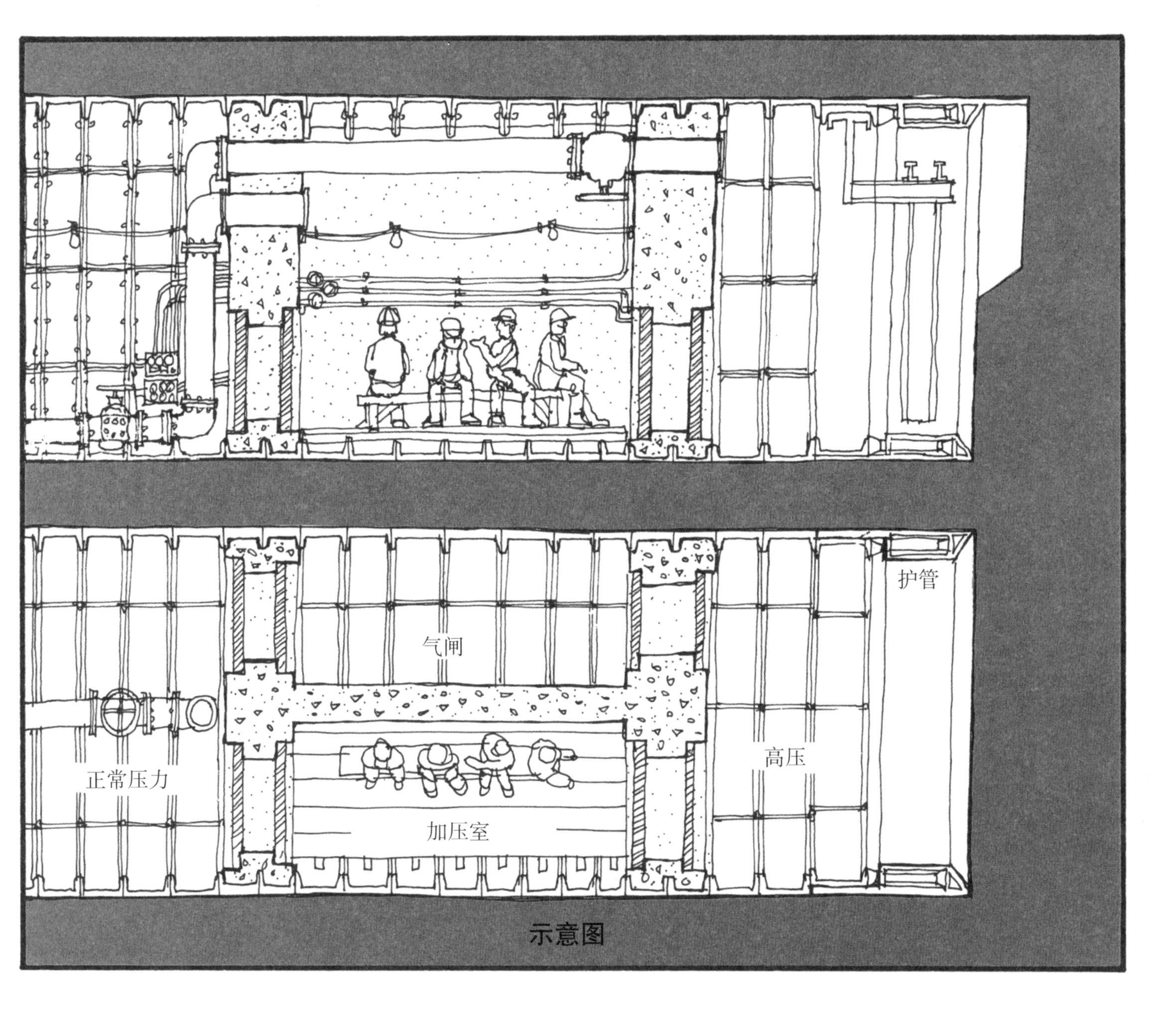

这面墙要顶到隧道两侧，形成一个密闭通道。两道墙之间的空间名为“加压室”，施工人员通过位于两道墙上的厚钢门进出。由于采掘面和隧道其余部分的压力不同，从一个区域到另一个区域的工人必须在加压室里待一段时间，随着加压室内的压力慢慢调整到与采掘面的较高压力相同，或是慢慢调整到与竖井处的正常压力一致，他们的身体才能逐渐适应。加压室设有特殊的气闸，可以在不破坏这两个区域间密封条件的情况下，运输设备和废土石。

每当一部分隧道完工后，就要建造轨道所需的结构，并进行轨道铺设。由于隧道是圆柱形的，所以侧面和列车之间有充足的空间，可以把供电、信号和照明用的电缆直接悬挂在隧道壁上。深处的地铁隧道一般只能容纳一条轨道，当几条轨道汇聚在一起或需要建设车站时，就需要拓宽隧道。

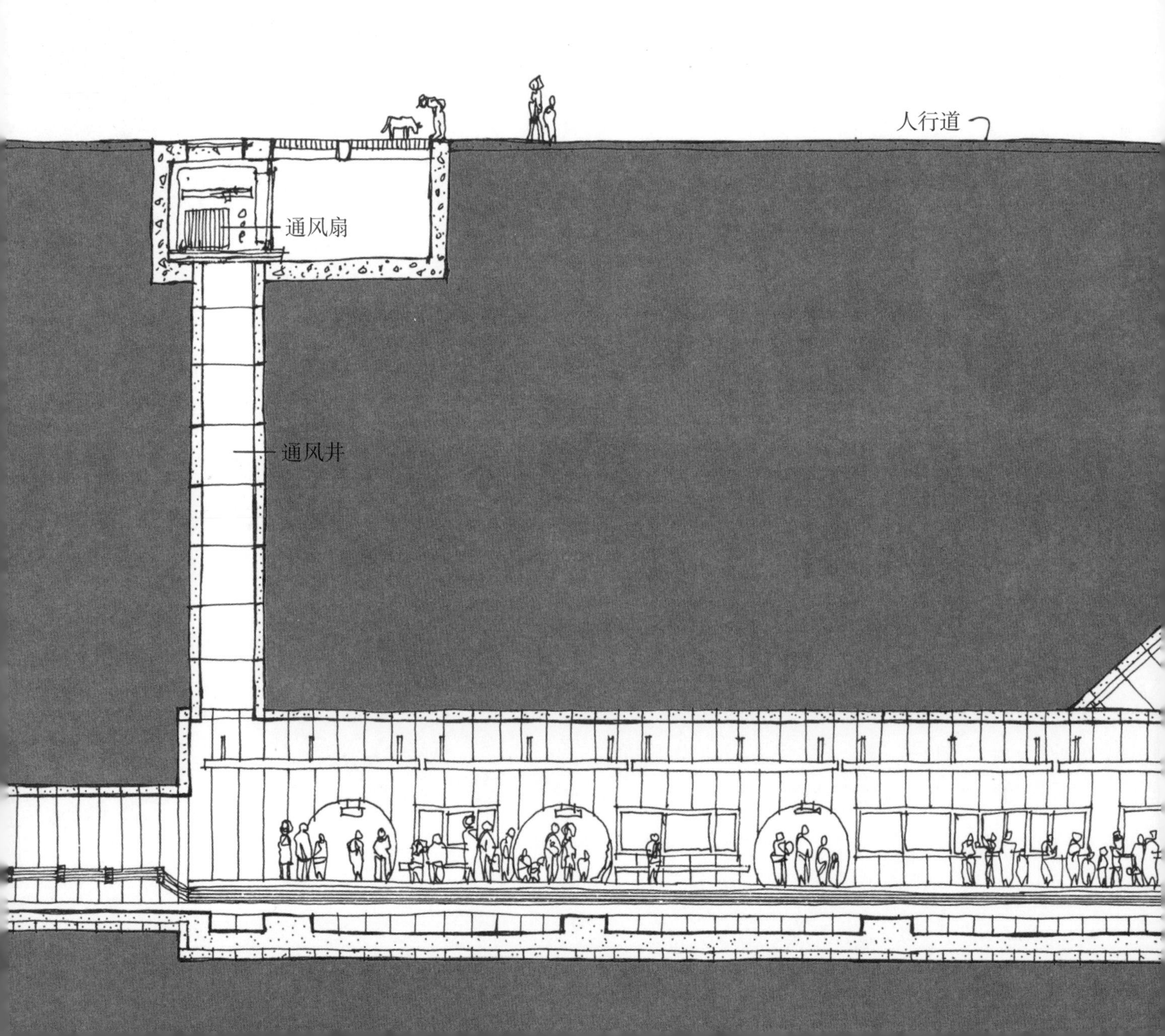

在建造地铁隧道的同时，还要挖掘其他隧道和竖井，用来建造升降梯、自动扶梯和不同铁轨之间的行人坡道。地下施工完成后，许多原本在施工中使用的竖井就会被用作紧急楼梯或大型通风管道，保证地铁系统内的安全疏散和空气流通需要。

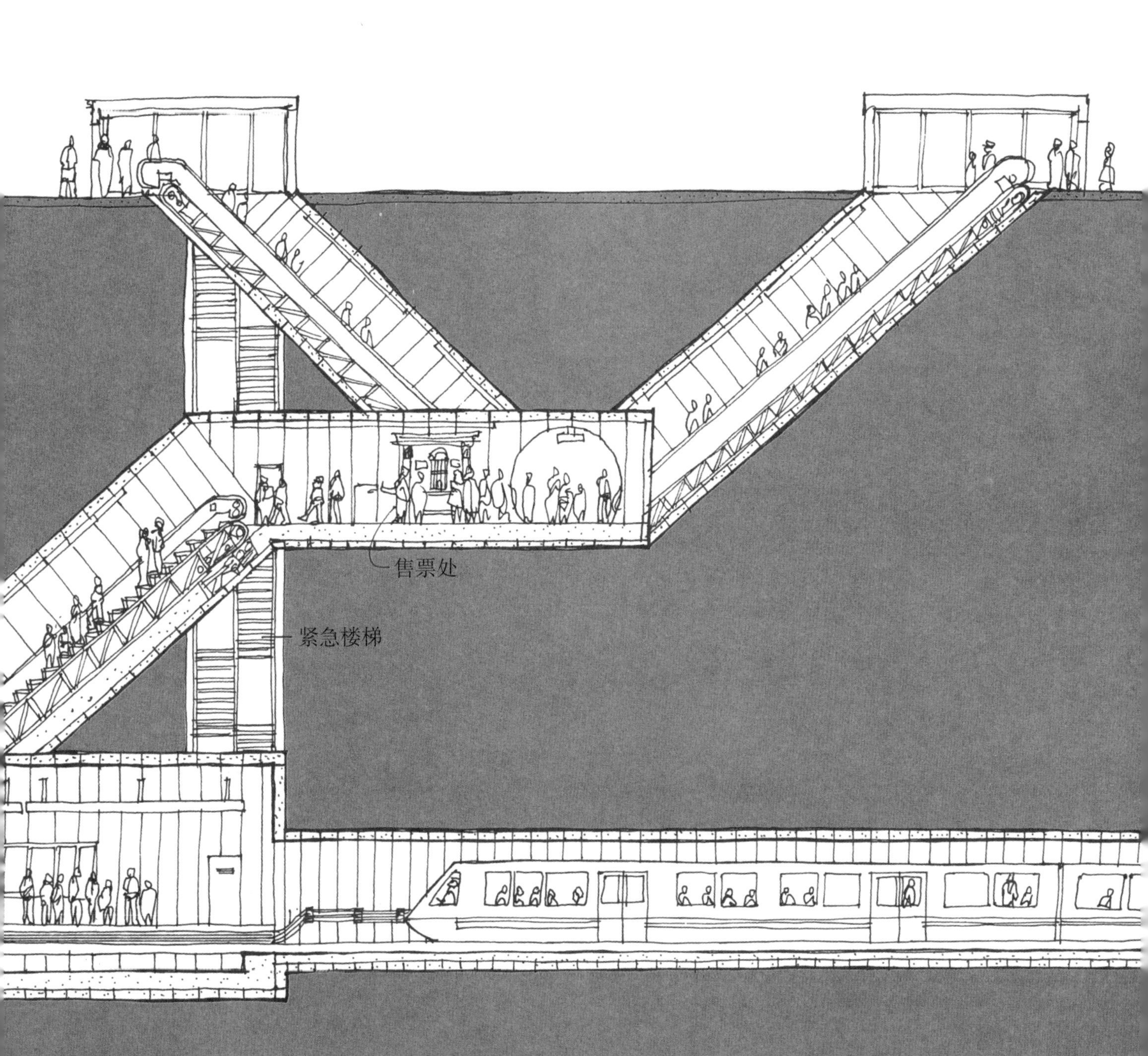

地铁完工后，通过这个十字路口的最后一条“主动脉”就算建好了。为了确保地上生活的正常运行，地下往往有数百万吨的泥土和岩石被移走，取而代之的是复杂的系统和结构管网。我们常常忽略地下世界的重要性，以至于对这个庞大的隐形系统的概念仅止于一些无关紧要的细节，如冒出来的蒸汽，从敞开的检修井伸出的梯子，或在我们脚下轰隆而过的地铁……然而，正是因为这些细节，才让我们意识到：原来我们赖以生存的工程与科技竟然如此之强大！

不管我们想象的地下世界有多复杂，都比不上真正的地下世界更令我们惊奇。

地铁
出口
书店

术 语 表

承重桩（bearing pile）：作为基础打入地下的杆或柱，可将其支承的荷载通过桩底传递到其所在的坚固土壤或基岩上。

基岩（bedrock）：坚固的地壳，一般位于地面以下几十或数百米处。

喇叭口（bell）：支柱底部拓宽成的喇叭形，用以将荷载分散到更大的区域。

桩帽（cap）：将成束或成排的桩的末端连接在一起的混凝土板，上方可支撑立柱或墙壁。

滤污器（catch basin）：位于街道下面的水槽，水临时储存在这里，这样在水流入管道之前，可能阻塞排水管网的物质就会沉到水槽底部。

束（cluster）：紧密排列在一起的桩，用来支承一根柱子的重量。

明挖回填式隧道建造法（cut and cover）：一种地铁隧道建设方法，即挖掘必要的坑洞，在洞中建造隧道，在隧道完工后再将坑洞填满。

导管（duct）：位于地下的保护管，用于放置输电线和电话线缆。

电缆排管（duct bank）：几排导管集中在一起，并用混凝土包裹。

围墙（enclosure wall）：围绕工地建造的混凝土墙，从地下室延伸到地面，但不是上方建筑物的基础。

挖掘（excavation）：从工地挖出泥土并移走。

采掘面（face）：隧道里被持续挖掘的位置。

回填物（fill）：在管道铺设好后用来填充深沟的材料，或将挖掘现场基底重新建造到一定高度所需的材料。

浮式基础（floating foundation）：连续扩展的基础，位于整个建筑下方，取代众多单独的基脚。

模板（formwork）：临时模板。将液态混凝土浇入模板，可制造出特定形状和支撑模板所需的各种结构。

基础（foundation）：建造于建筑物下方的一种结构，将建筑物的重量转移到其所在的土地上。

基础墙（foundation wall）：建造于地面以下的墙（通常是混凝土建造），将其上方露在地面外的墙壁的重量传递到其所在的基脚上。

摩擦桩（friction pile）：打入地下的杆或柱，直到桩表面和被打入的土壤之间产生压力或摩擦力，使得这些杆柱成为坚固的基础，可在上面建造建筑物。

冰冻线（frost line）：这个界线以下的土壤很可能会上冻。

阀门钥匙（gate key）：一个长柄扳手，用来开关阀门。

坡度（grade）：供水管和排水管在铺设时，如果保持一定的角度或坡度，就不用泵抽，水可以自流。

格床（grillage）：数排钢梁，位于钢柱底部和混凝土桩帽顶面之间，或桩帽下方支柱的顶部之间，可将其表面的压力更加均匀地分布开来。

雨水口（inlet）：街道表面的开口，覆盖格栅盖板，水通过这个开口流入雨水沟。

千斤顶（jack）：一种机械，可以抬起非常重的重物，也可以给其所处的两个表面施加压力。

护壁板（lagging）：垂直的木板，用来作为沟坑里的衬壁材料，可防止泥土塌落。

检修井（manhole）：街道下面的一个空间，通过地面上的洞进出其中。

废石土（muck）：从地下挖掘隧道时移出来的土石。

簪梁（needle beams）：一种支承结构，设置在墙下的横钢梁，临时支撑上方的重量。

支柱（pier）：一种用作建筑物基础的地下立柱或桩，通过钻孔并在孔中填充水泥建造而成。

管桩（pipe piles）：一种支承结构，将钢管打入现有墙体下的土中，临时承担上方的重量。

支架（racks）：固定在检修井和地下室墙壁上的金属支架。输电线和电话线缆都悬挂在上面。

钢筋（reinforcing）：金属棍或网，预埋在混凝土中，起加固作用。

挡土墙（retaining wall）：围绕整个或部分挖掘现场建造的墙壁，以防止侧面坍塌。

污水管道系统（sewer system）：通过这些管道，城市里所有的废水都被送入污水处理厂。

竖井（shafts）：经挖掘，达到预定隧道深度的垂直通道。人、设备和空气可由此进出，也可通过这里将废石土移走。

挡土板（sheeting）：使用钢材或木料，或同时使用两种材料建成的挡土墙。

板桩（sheet piles）：连锁在一起的钢板，在挖掘施工开始前打入工地周围的地下，当做挡土墙用。

护管（shield）：大型钢管，在黏土或不稳固的岩石中挖掘地下隧道时使用。工人在护管里施工。

撑杆（shores）：倾斜的木梁或钢梁，用来支撑挡土墙。

工地（site）：建造建筑物的场地。

土壤剖面（soil profile）：土地垂直截面图，显示地面和基岩之间每一层物质的类型和深度。

兵梁（soldier beams）：一种在挖掘开始前打入工地周圈的钢梁，钢梁之间插入水平木板，在移出泥土时充当挡土墙。

扩展式地基（spread foundation）：一种非常常见的地基，即在每根柱子或基础墙下方，设置名为基脚的混凝土板，从而把重量分散到更开阔的区域。

雨水排水管道（storm drains）：用来排走大量雨水积水的管网，有时由于暴雨或融雪，水会积聚得很快。

集水坑（sump pit）：检修井底板处的一个小凹坑，检修井里的水都流进此处，便于将水抽走。

变压器（transformer）：一种设备，用来增加和降低流经它的电流量。

支承构架（underpinning）：加深或重建已有建筑物的基础时，设置在这些建筑物下面的临时支架。

公共设施（utilities）：常见的的城市居民生活所需的系统，包括供水、供电、污水排放、天然气、蒸汽和电信等。

阀门盒（valve box）：位于每个阀门上面的垂直管道。通过阀门盒可打开或关闭阀门。

阀门（valve）：安装在管道上的金属活门，一旦关闭，就可截断水、蒸汽或天然气的流动。

变压器室（vault）：人行道下方的一个空间，变压器都设置在其中。

地下水位（water table）：地面以下一定距离的某个位置，此位置以下土壤中的水完全饱和。

井点（well points）：打入工地和周围土地中的管子，水通过这些管子排出，从而保证地下水位低于挖掘现场基底。

绞车（winch）：一种机器，用来缠绕电缆或绳索，从而拉动或提升重物。